陈泉心理学考研系列

心理学考研教材通
知识全解读

心理与教育统计学

主编 陈泉 许冰

北京邮电大学出版社
www.buptpress.com

图书在版编目（CIP）数据

心理与教育统计学 / 陈泉，许冰主编． -- 北京：北京邮电大学出版社，2025.7

（心理学考研教材通——知识全解读 ；6）

ISBN 978-7-5635-6977-9

Ⅰ. ①心… Ⅱ. ①陈… ②许… Ⅲ. ①心理统计②教育统计 Ⅳ. ① B841.2 ② G40-051

中国国家版本馆 CIP 数据核字 (2023) 第 143830 号

| 策划编辑：彭怀洲 | 责任编辑：王小莹 | 责任校对：张会良 | 封面设计：海图博雅 |

出版发行：北京邮电大学出版社
社　　址：北京市海淀区西土城路 10 号
邮政编码：100876
发 行 部：电话：010-62282185　传真：010-62283578
E-mail：publish@bupt.edu.cn
经　　销：各地新华书店
印　　刷：保定市中画美凯印刷有限公司
开　　本：889 mm × 1 194 mm　1/16
印　　张：68.25
字　　数：1895 千字
版　　次：2025 年 7 月第 1 版
印　　次：2025 年 7 月第 1 次印刷

ISBN 978-7-5635-6977-9　　　　　　　　　　　　　　　　定价：228.00 元（共 7 册）

· 如有印装质量问题，请与北京邮电大学出版社发行部联系 ·

学习导读

 **学科介绍**

心理与教育统计学是专门研究如何运用统计学原理和方法，从搜集、整理、分析心理与教育科学研究中获得随机性数据资料，并根据这些数据资料所传递的信息进行科学推论，从而找出心理与教育规律的一门学科。具体而言，就是在心理与教育研究中，通过调查、实验、测量等手段有意地获取一些数据，并将得到的数据按照统计学原理和步骤加以整理、计算，并将其绘制成图表，对其进行分析、判断和推理，最后得出结论的一种研究方法。

心理与教育统计学属于应用统计学的一个分支，是心理与教育研究中广泛应用的、也是最基本的一种定量化的研究工具。它偏重于数理统计方法在心理与教育研究中的应用，因而对各种统计公式的推导及理论的证明较少，着重介绍各种统计方法在不同的心理与教育研究中应用的条件和具体方法，及其统计计算结果的解释。

 **科目框架**

心理与教育统计学的框架体系（见图1）非常清晰，主要可以划分为三部分：其一是描述统计，介绍如何对实验或测验研究中收集到的大量数据进行整理和描述；其二是推论统计，研究如何通过局部数据所提供的信息推论总体的情况；其三是与实验设计相关的统计，主要研究如何科学地、经济地及更有效地进行实验。

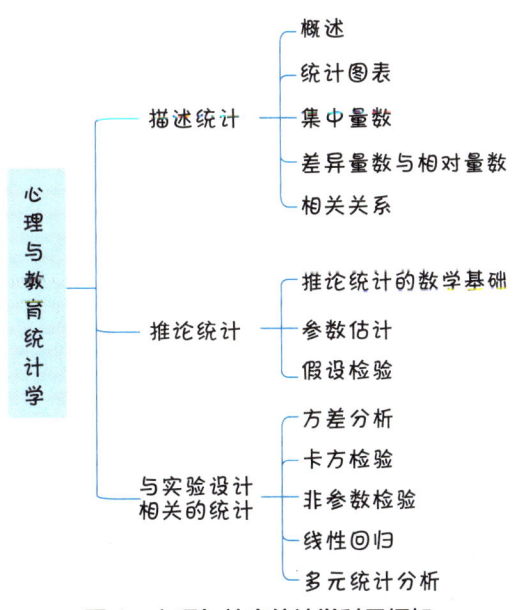

图1 心理与教育统计学科目框架

考查目标

1. 正确理解心理与教育统计的基本概念，掌握心理与教育统计的基本方法。
2. 掌握有关统计分析的原理和方法，能正确解释统计分析结果。

考查特点

心理与教育统计科目的真题一般以单项选择题、多项选择题、名词解释、简答题、综合题等形式呈现。

（一）单项选择题

考查要点：以描述统计为主，也涉及推断统计中较重要的内容（如方差分析、一元回归等）。

例题：

1. 数据分布比较分散且有极端值时，描述集中趋势的最佳量数是（　　）。
   A. 平均数　　　　　B. 中数　　　　　C. 全距　　　　　D. 众数

2. 方差分析时，总变异可以分解为意义明确、彼此相互独立的几个不同的部分，这样做的依据是因为方差具有（　　）。
   A. 离散性　　　　　B. 集中性　　　　　C. 变异性　　　　　D. 可加性

（二）多项选择题

考查要点：原理、方法、适用情况、影响因素、前提假设。

例题：

1. 下列有关假设检验的陈述中，正确的有（　　）。
   A. 虚无假设是对总体参数的陈述
   B. 虚无假设是对样本统计量的陈述
   C. P值越大，拒绝虚无假设的可能性越小
   D. 其他条件不变，总体方差越小，越有可能拒绝虚无假设

2. 对两个独立样本的平均数进行非参数检验所使用的方法有（　　）。
   A. 秩和检验法　　　B. 符号检验法　　　C. 中数检验法　　　D. 等级方差分析法

（三）名词解释

考查要点：重要概念。

例题：

1. 卡方分布
2. 推论统计

（四）简答题

考查要点：重要概念的原理、适用条件、影响因素、公式计算。

例题：

1. 简述回归分析的主要内容。
2. 近一个世纪以来，某城市的居民患抑郁症、焦虑症、强迫症的比例非常接近。近期，临床心理学家为了考察该城市居民的心理健康状况，进行了一次调查研究。结果发现，抑郁症患者有85人，焦虑症

患者有 124 人，强迫症患者有 91 人。请问该城市居民的三种神经症患者的比例是否发生了明显变化？
（ $\chi^2_{0.05(2)} = 5.99$，$F_{0.05(3,2)} = 9.55$，$Z_{0.05} = 1.96$ ）。

（五）综合题

考查要点：卡方检验、方差分析、参数估计、回归分析等。

例题：

某校过去五年高考学生选择专业志愿的人数比例如表 1 所示。为检验今年该校高考学生选择专业志愿的态度是否发生了变化，现随机抽取 200 名高考学生，对其专业志愿的选择情况进行调查，结果如表 2 所示。今年高考男、女生选择社会科学和自然科学专业的人数如表 3 所示。

表 1　过去五年高考学生选择专业志愿的人数比例

专　业	社会科学	自然科学	医学	艺术	总计
比例 /%	20	40	30	10	100

表 2　今年高考学生选择专业志愿的人数（$n=200$）

专　业	社会科学	自然科学	医学	艺术	总计
人　数	30	70	60	40	200

表 3　今年高考男、女生选择社会科学和自然科学专业的人数

性　别	专　业		合　计
	社会科学	自然科学	
男	10	50	60
女	20	20	40
合计	30	70	100

请回答下列问题：

（1）根据表 1、表 2 所示的数据，应选用什么统计方法对高考学生选择专业志愿态度的变化进行分析？

（2）根据表 1、表 2 所示的数据，计算并回答与过去五年数据相比，今年高考学生选择专业志愿的人数分布是否发生了变化。（$\alpha=0.05$）

（3）要判断表 3 中高考男、女生在社会科学和自然科学专业志愿选择上是否存在差异，可选用什么统计方法？

心理与教育统计学因为其复杂的公式、繁多的数据处理条件，让学生在初次接触时恍然回到了大学数学的时候，因而成为心理学考研中学生比较畏惧的一门学科。但我们要知道，学习心理与教育统计学的目的不是死记公式，而是要理解统计的原理，根据数据类型选择合适的统计分析方法。心理与教育统计学就是统计学在心理学中的应用，是心理学研究中最为常用的工具之一。心理与教育统计学的学习要注重应用，而应用的前提是理解。

公式的由来虽不是心理与教育统计学的学习重点，但却是理解、分辨使用何种方法的基础和前提条件，也是重中之重的一部分内容。312 的大纲中强调了公式由来的重要性，因此本书在第六章中已经尽可能地帮助考生理解统计公式的由来。

1. 精读教材、深入理解

对于教材中的每一个知识点，无须强行背记，而应深入理解。必须先吃透每一个知识点，然后进行下一步；如果遇到不懂之处，必须立即返回、熟悉之前的知识点或查阅相关资料；如此反复，直至完全理解。对于少数在后续内容中才会正式学习的知识点（如在学习第四章中的标准分数时会提及正态分布，但正态分布在第六章才会正式讲到），可先粗浅了解，等到完全理解之后再返回深化之前的知识点。

例如，对"根据数据反映的测量水平，可把数据区分为称名数据、顺序数据、等距数据和比率数据四种类型。"这个知识点，不能机械地记忆这四种数据类型的名称，而要根据各自的定义做出区分，并能够准确判断某些数据（如：性别、名次、温度、身高）属于哪一种数据类型。这一知识点贯穿整个学科，极其重要，必须完全掌握。

2. 融会贯通、构建知识框架

从宏观上有层次地把握整个学科。例如，心理与教育统计学的重点可以分为两部分，即描述统计和推论统计；不同的数据类型对应不同的相关关系统计方法。可以采用思维导图等形式构建框架。

同时，注意某些概念和知识的联系与区别，例如，参数检验与非参数检验的异同、相关和回归之间的关系。

另外，有些概念和知识是基础性的或具有纽带作用的，例如数据类型、抽样分布、区间估计、Ⅰ型错误和Ⅱ型错误等。要善于以这些概念和知识为线索，将整个学科串联起来。

3. 联系测量和实验，熟练运用

本学科与"心理与教育测量"和"实验心理学"的联系非常密切，可以说是后两者的基础。同时，我们也可以借助测量和实验，细化统计学的知识，例如结合实验设计来细化方差分析的内容。

关于这三科之间的关系，我们可以通过下面一段话有更深刻的理解：心理学之所以是一门科学，是因为心理学采用实证方法。实验心理学、心理测量学和心理统计学属于心理学的研究方法，实验心理学是通过设计并操纵实验的方式对心理现象的变化规律进行探索和验证的学科；心理测量学解决的是内在心理数量化的难题；心理统计学是对通过问卷和实验等手段获得的数据进行处理和分析，从而依据数据资料对现象规律进行揭示的学科。

目录

第一章 心理与教育统计学概述

知识导读	001
知识地图	001
知识精讲	001
第一节 心理与教育统计学内容	001
知识点1 描述统计	001
知识点2 推论统计	002
知识点3 实验设计	002
第二节 心理与教育统计学基础概念	003
知识点1 数据类型	003
知识点2 常见概念	004

第二章 统计图表

知识导读	006
知识地图	006
知识精讲	006
第一节 统计表	006
知识点1 统计表的含义和基本结构	006
知识点2 统计表的分类	007
第二节 统计图	010
知识点1 统计图的含义和基本结构	010
知识点2 统计图的分类	011

第三章 集中量数

知识导读	016
知识地图	016
知识精讲	017

第一节 算术平均数 ······ 017

- 知识点 1　算术平均数的含义 ······ 017
- 知识点 2　平均数的计算 ······ 017
- 知识点 3　平均数的特点 ······ 017
- 知识点 4　平均数的优缺点 ······ 018
- 知识点 5　平均数的应用原则 ······ 018
- 知识点 6　其他平均数 ······ 019

第二节 中数 ······ 020

- 知识点 1　中数的含义 ······ 020
- 知识点 2　中数的计算 ······ 020
- 知识点 3　中数的优缺点 ······ 021
- 知识点 4　中数的适用条件 ······ 022

第三节 众数 ······ 022

- 知识点 1　众数的含义 ······ 022
- 知识点 2　众数的计算 ······ 022
- 知识点 3　众数的优缺点 ······ 023
- 知识点 4　众数的适用条件 ······ 023
- 知识点 5　平均数、中数、众数三者之间的关系 ······ 023

第四章 差异量数与相对量数

知识导读	026
知识地图	026
知识精讲	027

第一节 差异量数 ······ 027

- 知识点 1　全距、百分位差与四分位差 ······ 027
- 知识点 2　离差与平均差 ······ 029
- 知识点 3　方差与标准差 ······ 030
- 知识点 4　变异系数 ······ 032

第二节　相对量数	033
知识点 1　标准分数	033

第五章　相关关系

知识导读	036
知识地图	036
知识精讲	037
第一节　相关关系概述	037
知识点 1　相关关系的含义与分类	037
知识点 2　相关系数	037
知识点 3　散点图	038
第二节　相关系数计算	039
知识点 1　积差相关	039
知识点 2　等级相关	041
知识点 3　质与量相关	043
知识点 4　品质相关	044
知识点 5　相关系数的选用	045

第六章　推论统计的数学基础

知识导读	047
知识地图	047
知识精讲	048
第一节　概率概述	048
知识点 1　概率的基本概念	048
知识点 2　概率分布	048
知识点 3　排列与组合	049
第二节　常见分布	050
知识点 1　正态分布	050
知识点 2　二项分布	052
第三节　抽样分布	053
知识点 1　抽样分布的含义	053
知识点 2　卡方分布	053

知识点 3　t 分布 ··· 054
　　　知识点 4　F 分布 ··· 055
　　　知识点 5　样本均值、方差和标准差的抽样分布 ·· 056
　　　知识点 6　三大抽样分布的重要性质总结 ·· 057
　第四节　抽样原理与抽样方法 ··· 058
　　　知识点 1　抽样的优点和作用 ·· 058
　　　知识点 2　抽样的基本原则 ·· 058
　　　知识点 3　抽样方法 ·· 059

第七章　参数估计

知识导读 ··· 062
知识地图 ··· 062
知识精讲 ··· 062
　第一节　点估计与区间估计 ·· 062
　　　知识点 1　点估计 ·· 063
　　　知识点 2　区间估计 ·· 063
　第二节　总体平均数的区间估计 ·· 065
　　　知识点 1　总体方差已知 ··· 065
　　　知识点 2　总体方差未知 ··· 065
　第三节　平均数差值的区间估计 ·· 066
　　　知识点 1　两个总体方差已知 ·· 066
　　　知识点 2　两个总体方差未知 ·· 068
　第四节　总体标准差与方差的区间估计 ··· 070
　　　知识点 1　标准差的区间估计 ·· 070
　　　知识点 2　总体方差的区间估计 ··· 070
　　　知识点 3　两个总体方差之比的区间估计 ··· 071

第八章　假设检验

知识导读 ··· 073
知识地图 ··· 073
知识精讲 ··· 074
　第一节　假设检验概述 ··· 074

知识点1　假设检验的基本概念···074

　　知识点2　假设检验中的两类错误···076

　　知识点3　假设检验中的两类检验···077

　　知识点4　统计功效···078

　　知识点5　参数估计和假设检验的比较···078

第二节　平均数的显著性检验···079

　　知识点1　总体正态分布、总体方差已知···079

　　知识点2　总体正态分布、总体方差未知···080

　　知识点3　总体非正态，样本容量大于30···080

第三节　平均数差异的显著性检验···081

　　知识点1　两个总体都是正态分布，两个总体方差都已知·················081

　　知识点2　两个总体都是正态分布，两个总体方差都未知·················083

　　知识点3　两个总体非正态，两个样本容量均大于30·························085

第四节　其他参数检验···086

　　知识点1　方差的差异检验···086

　　知识点2　相关系数的显著性检验···087

第九章　方差分析

知识导读···089

知识地图···089

知识精讲···090

第一节　方差分析概述···090

　　知识点1　方差分析的含义···090

　　知识点2　方差分析的基本原理···090

　　知识点3　方差分析的基本假设···092

　　知识点4　方差分析的基本步骤···092

第二节　单因素实验设计方差分析···093

　　知识点1　与方差分析有关的实验设计问题·····································093

　　知识点2　单因素被试间设计的方差分析···095

　　知识点3　单因素被试内设计的方差分析···096

第三节　多因素实验设计方差分析···099

　　知识点1　两因素被试间设计的方差分析···099

  知识点 2 两因素被试内设计的方差分析 ··· 101

  知识点 3 两因素混合设计的方差分析 ··· 102

 第四节 其他相关内容 ·· 103

  知识点 1 事后检验 ··· 103

  知识点 2 协方差分析 ·· 104

  知识点 3 效果量 ··· 105

  知识点 4 样本量的计算 ··· 107

第十章 χ^2 检验

知识导读 ·· 110

知识地图 ·· 110

知识精讲 ·· 111

 第一节 χ^2 检验概述 ·· 111

  知识点 1 χ^2 检验的含义 ·· 111

  知识点 2 χ^2 检验的基本假设 ·· 111

  知识点 3 χ^2 检验的计算公式和计算步骤 ······································ 112

 第二节 配合度检验 ·· 112

  知识点 1 配合度检验的含义 ··· 112

  知识点 2 配合度检验的具体步骤 ··· 112

  知识点 3 配合度检验的应用 ··· 113

 第三节 独立性检验 ·· 114

  知识点 1 独立性检验的含义与步骤 ·· 114

  知识点 2 四格表的独立性检验 ·· 115

  知识点 3 $R \times C$ 列联表的独立性检验 ·· 116

  知识点 4 同质性检验 ··· 116

第十一章 非参数检验

知识导读 ·· 118

知识地图 ·· 118

知识精讲 ·· 119

 第一节 非参数检验概述 ··· 119

  知识点 1 非参数检验的含义及特点 ·· 119

知识点2　非参数检验的方法 ··· 119
第二节　独立样本均值差异的非参数检验 ··· 120
　　知识点1　秩和检验法 ··· 120
　　知识点2　中数检验法 ··· 121
第三节　配对样本的非参数检验 ·· 121
　　知识点1　符号检验法 ··· 121
　　知识点2　符号等级检验法 ··· 122
第四节　等级方差分析 ·· 123
　　知识点1　克-瓦氏单向方差分析 ··· 123
　　知识点2　弗里德曼两因素等级方差分析 ·· 124

第十二章　线性回归

知识导读 ·· 125
知识地图 ·· 125
知识精讲 ·· 126
第一节　线性回归概述 ·· 126
　　知识点1　回归分析的含义 ··· 126
　　知识点2　回归模型的建立 ··· 126
　　知识点3　回归分析与相关分析的关系 ·· 127
　　知识点4　线性回归的基本假设 ·· 128
第二节　回归模型的检验与应用 ·· 129
　　知识点1　回归方程的有效性检验 ·· 129
　　知识点2　回归系数的显著性检验 ·· 130
　　知识点3　决定系数 ··· 131
　　知识点4　线性回归模型的应用 ·· 131

第十三章　多元统计分析

知识导读 ·· 133
知识地图 ·· 133
知识精讲 ·· 134
第一节　多元线性回归分析 ·· 134
　　知识点1　多元线性回归分析的含义 ·· 134

知识点 2　多元线性回归模型的基本假设 ··· 134
　　知识点 3　多元线性回归模型的建立 ·· 134
　　知识点 4　多元线性回归模型的检验 ·· 135
　　知识点 5　多元线性回归分析中自变量的诊断与选择 ································· 135
第二节　主成分分析 ·· 137
　　知识点 1　主成分分析的概念 ··· 137
　　知识点 2　主成分分析的基本原理与特性 ··· 137
　　知识点 3　主成分分析的主要步骤 ·· 137
第三节　因素分析 ··· 138
　　知识点 1　因素分析的基本思想与原理 ·· 138
　　知识点 2　因素分析的主要类型 ··· 138
　　知识点 3　因素分析的基本假设和条件 ·· 138
　　知识点 4　因素分析的基本步骤 ··· 139
　　知识点 5　主成分分析与因素分析的联系与区别 ······································· 140
附录 A　各章典例的参考答案和解析 ·· 142
附录 B　重点公式总结表 ··· 153

第一章　心理与教育统计学概述

　　心理与教育统计学是心理教育科学研究中的一种重要的定量研究工具。它处理的数据具有随机性、变异性、规律性等特点，它的目标是通过部分数据来推测总体特征。具体包括：描述统计、推论统计和实验设计。

　　若将心理与教育统计学的知识比作一棵大树，本章便是这棵大树的主干，之后所有的内容都是围绕本章展开的，也就是在树干上描绘枝叶。总体来看，本章介绍了两大板块的内容，第一大板块是心理与教育统计学内容，第二大板块是心理与教育统计学基础概念。

　　在心理学考研中，本章内容常以选择题或简答题的形式进行考查。考生要着重理解和掌握描述统计与推论统计的关系；尤其要注意区分各种数据类型，后续所有的统计分析都需要根据不同的数据类型，选用合适的数据分析方法，在理解的基础上做到灵活运用；而对于常见概念，如参数、统计量等，需要做到区分，为后面的学习打下基础。

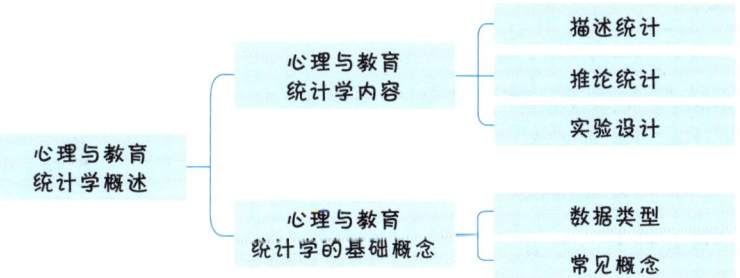

第一节　心理与教育统计学内容

知识点 1　描述统计 ★

　　描述统计（descriptive statistics）主要研究如何整理心理与教育科学实验或调查得来的大量数据，描述一组数据的全貌，表达一件

事物的性质。具体内容包括：

（1）**统计图表**：描述一组数据的总体分布情况。

（2）**集中量数**：描述一组数据的总体集中趋势。

（3）**差异量数**：描述一组数据的总体离中趋势，即反映数据的差异性或变异性。

（4）**相关分析**：描述一个事物两个或多个属性之间的相互关系及各种相互关系的计算条件与方法。

知识点 2 推论统计 ★

推论统计（inferential statistics） 主要研究如何通过**局部（样本）数据**所提供的信息来**推论总体**的情形，使用样本数据得出关于总体的一般性结论。　　　　　　　　　　　　　 >> TIPS ①

具体内容包括：

（1）**推论统计的数学基础**：主要涉及概率论与数理统计的部分相关知识。

（2）**参数估计**：依据抽样分布原理，利用样本统计量对相应的总体未知参数进行估计。

（3）**假设检验**：通过比较样本统计量之间的差异，判断总体参数之间是否存在差异，主要包括**参数检验**和**非参数检验**两大内容。相关具体内容会在假设检验（第八章）详细介绍。

典例 1（单选）在下列叙述中，采用推论统计方法的是（   ）。
（注：答案和解析见附录）

A. 用饼图描述某企业职工的学历构成

B. 从一个果园中采摘 36 个橘子，利用这 36 个橘子的平均质量估计果园中所有橘子的平均质量

C. 一个城市 1 月份的平均汽油价格

D. 反映大学生统计学成绩的条形图

设想一下从一所幼儿园中随机抽取 10 名小朋友，对这 10 名小朋友的身高和体重等信息进行描述。比如，平均身高是多少，最高的小朋友身高是多少，等等，这就是一种描述统计；而根据这 10 名小朋友的平均身高去估计这所幼儿园所有小朋友的平均身高，这就是一种推论统计。

知识点 3 实验设计 ★

实验设计（experimental design） 的主要目的在于研究如何科学地、经济地及更有效地进行实验，它是统计学近几十年发展起来的一部分内容。一个严谨的实验研究，在实验以前要对研究的基本步骤、取样的方法、实验条件的控制、实验结果数据的统计分析方法等做出严格的规定。　　　　　　　　　　　　　　　　　>> TIPS ②

科学涉及对不同变量之间关系的探索，如教学方法和教学成绩之间存在何种关系。而实验研究的目的就是确定变量之间是否存在关系以及这种关系的种类（如相关关系、因果关系等）。

心理与教育统计学的这几部分内容之间有着密切的联系。描述统计是推论统计的基础，后者离不开前者计算获得的特征值。描述统计只是对数据进行一般的分析归纳，如果不进一步应用推论统计做进一步分析，描述统计的结果就不会产生更大的价值和意义，也就达不到统计分析的最终目的和要求。而只有通过良好的实验设计才能使获得的数据具有意义，进一步的推论统计才能说明问题。

（1）方差分析：又称变异分析，其主要作用在于分析实验数据中不同来源的变异对总变异的贡献大小，从而确定实验中的自变量是否对因变量有重要影响。

（2）协方差分析：在扣除协变量的影响后进行的方差分析，是把线性回归分析和方差分析结合在一起的事后统计分析方法。

（3）回归分析：采用数学模型来描述变量间函数关系的统计方法。其中，基于一个自变量建立的回归分析称为一元回归分析，有多个自变量的回归分析称为多元回归分析。

（4）因子分析：利用降维的思想，研究从变量群中提取共性因子的方法。

> **本节小结**
> 本节介绍了心理与教育统计学内容，包括描述统计、推论统计和实验设计。描述统计主要是描述一组数据的全貌，表达一件事物的性质，有助于总结、组织并简化数据的统计分析过程；推论统计主要是根据样本所提供的信息，对样本所属总体情形进行推断，以及对不同总体属性进行比较；实验设计是研究变量间关系的具体手段，良好的实验设计能保证数据的分析是有意义的。

第二节　心理与教育统计学基础概念

知识点 1　数据类型 ★★

根据不同的分类标准，可以将数据分为不同的类型。

1. 根据数据的观测方法和来源划分 ≫ TIPS ①

（1）计数数据：计算个数的数据，它具有独立的分类单位，一般取整数形式，比如人口数、学校数等。

（2）计量数据：借助于一定的测量工具或一定的测量标准而获得的数据，也称为测量数据，比如身高、体重等。

2. 根据数据是否具有连续性划分 ≫ TIPS ②

（1）离散数据：任意两个数据点之间所取数值的个数是有限的。比如：人口数。

（2）连续数据：任意两个数据点之间所取数值的个数是无限的。比如：长度、高度。

3. 根据数据反映的测量水平划分

（1）称名数据：说明事物在属性或类别上的差异，具有独立的分类单位，其数值一般都取整数形式。这类数据只计算个数，并不说明事物之间差异的大小，不能进行加减乘除运算。比如：性别、颜色。

> **TIPS ①**
> 计数数据一般通过数数得到，而计量数据一般借助工具测量得到，这是计数数据和计量数据最根本的区别。

> **TIPS ②**
> 计数数据一般是离散数据，而测量数据一般是连续数据；某些数据并非绝对属于离散数据或连续数据，需要结合具体情况来分析。例如，年龄本身属于连续数据，但是在实际研究和生活中，年龄（周岁/虚岁）通常是被当作离散数据来使用的。

（2）顺序数据：说明事物次序，既无相等单位，也无绝对零点的数据，反映事物属性的多少或大小，不能进行加减乘除运算。比如：年级、教师职称。
>> TIPS ③

（3）等距数据：具有相等单位，但无绝对零点的数据。这类数据可以进行加减运算，不能进行乘除运算。比如：海拔高度、温度、智商。

（4）比率数据：既有相等单位，又有绝对零点的数据。这类数据可以进行加减乘除运算。比如：身高、体重、反应时、年龄。
>> TIPS ④

典例2 （单选）三位研究者评价人们对四种速食面品牌的喜好程度。研究者甲让评定者从四种速食面品牌中先挑出最喜欢的品牌，然后从剩下的三种品牌中挑出最喜欢的，最后再从剩下的两种品牌中挑出比较喜欢的；研究者乙让评定者对四种速食面品牌分别给予1~5的等级评定（1表示非常不喜欢，5表示非常喜欢）；研究者丙只是让评定者从四种速食面品牌中挑出自己最喜欢的品牌。研究者甲、乙、丙所使用的数据类型分别是（　　）。

A. 类目型、顺序型、计数型　　B. 顺序型、等距型、类目型
C. 顺序型、等距型、顺序型　　D. 顺序型、等比型、计数型

知识点 2　常见概念 ★

1. 变量、观测值、随机变量

（1）变量：指在心理与教育实验、观察、调查中想要获得的数据。数据获得前用"X"表示，即一个可以取不同数值的物体的属性或事件，其数值具有不确定性。

（2）观测值：一旦确定了某个值，就称这个值为某一变量的观测值，也就是具体数据，是通过测量或测定所得到的样本值。

（3）随机变量：在统计学上，把取值之前不能预料取到什么值的变量称为随机变量。
>> TIPS ⑤

2. 总体、样本、抽样
>> TIPS ⑥

（1）总体：具有某些共同、可观测特征的一类事物的全体。构成总体的每个基本单元称为个体。在心理学研究中，总体是特定研究所关注的所有个体的集合。

（2）样本：从一个总体中选择出来的个体的集合，通常在研究中被期望代表总体。

（3）抽样：又称取样，是指按照一定的方法，从总体中选取一部分个体构成样本的过程。

TIPS ③

称名数据的主要作用是分类；而顺序数据除了分类还可以排序，因此顺序数据可以进行比较。例如，对于年级这一顺序数据，可以说六年级比一年级的年级要高；而对于颜色这一称名数据，不能说蓝色比紫色高或者大。

TIPS ④

区分比率数据和等距数据，一方面可以看是否有绝对零点。比率数据有绝对零点，即取"0"就表示没有了或不存在了，如身高为"0"表示不存在，一般来说，比率数据无法取负值；等距数据没有绝对零点，一般来说可以取负值，比如海拔高度可以是"-1219米"。另一方面可以看是否能进行加减乘除运算。等距数据可加减，不可乘除；而比率数据可进行加减乘除运算。

TIPS ⑤

在一定条件下完全可以预言其一定出现或一定不出现的现象叫确定现象，相对应的是随机现象，在一定条件下，可能出现这样的结果也可能出现那样的结果。例如，抛一枚硬币，有两种可能结果——正面朝上和反面朝上，事先不能预料，这种现象就是随机现象。随机现象的结果叫作随机事件。例如，从全体考生中任意抽取一名考生，其成绩可能是及格和不及格，在抽取之前无法预料哪种结果会出现，这两种可能的结果分别就是两个随机事件。我们把能表示随机现象各种结果的变量称为随机变量，一般用大写字母 X、Y…表示。

3. 参数、统计量 »» TIPS ⑦

（1）**参数**：总体的任何一个特征，又称总体参数。参数是描述总体的数值，既可以从一次测量中获得，也可以从总体的一系列测量中推论得到，它是一个固定的值。

（2）**统计量**：样本的特征用统计量表示。统计量又称特征值，是描述样本的数值，可以从一次测量中获得，或者从样本的一系列测量中推论得到。统计量是一个单值函数，是由样本构造的不含未知变量的函数，随样本的变化而变化。

4. 次数、比例、比率、频率、概率 »» TIPS ⑧

（1）**次数**：又称频数，描述某事件在某一类别中出现的数目。

（2）**比例**：两个或多个比相等的式子，在统计学中表示总体中各个部分的数量占总体数量的比重。

（3）**比率**：样本（或总体）中各不同类别数据之间的比值。比率不是部分与整体之间的对比关系，比值可能大于1。

（4）**频率**：又称相对次数，指某一事件发生的次数与总的事件发生次数的比值，用比例或百分数来表示。

（5）**概率**：反映的是某一种事件发生可能性的大小。

> **本节小结**
>
> （1）根据不同的分类标准，数据可以分为不同的类型：根据数据的观测方法和来源分为计数数据和计量数据，根据数据是否具有连续性分为离散数据和连续数据，根据数据反映的测量水平分为称名数据、顺序数据、等距数据和比率数据。
>
> （2）心理与教育统计学涉及的常见概念包括变量、观测值、随机变量、总体、样本、抽样、参数、统计量、次数、比例、比率、频率和概率。

名词总结

描述统计	推论统计	计数数据	计量数据
离散数据	连续数据	称名数据	顺序数据
等距数据	比率数据	变量	总体
样本	个体	抽样	参数
统计量	次数	比率	频率
概率			

TIPS ⑥

①例如，想要研究六年级学生的智力发展水平，六年级学生的智力发展水平就是一个总体；具体某个学生的智力发展水平就是个体；某学校六年级学生的智力发展水平是样本；从全国所有学校中抽取某校六年级学生的过程就是抽样。

②总体的大小并不是固定的，会随着标准的不同而不同。比如，某一高校的全体大一学生可作为总体，而某一城市所有高校的大一学生也可以作为总体，不同的标准所表示的总体不同。

统计量常用英文字母表示，而参数常用希腊字母表示。例如，样本的均值用 $\overline{X}$ 表示，而总体的均值用 μ 表示，需要注意区分。

概率是一个确定的数，是客观存在的，与每次试验无关，它度量该事件发生的可能性；而频率本身是随机的，在实验前不能确定，做同样次数的重复实验得到的事件的频率不一定相同。频率是概率的近似值，在实际问题中，仅当实验次数足够多时，频率才可近似地看作概率。

第二章 统计图表

知识导读

本章主要介绍了数据的初步处理和各类统计图表,这是对数据进行描述的基础和起点。本章涉及的统计图表较多,因此,学习本章时需要注意两点:第一,对不同类型的统计图表做到准确区分;第二,分清主次、重点掌握,对于数据的初步处理、茎叶图等内容简要了解即可,而对于分组次数分布表、直方图等重点内容则要熟练掌握。

知识地图

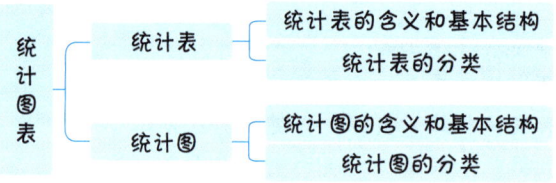

知识精讲

第一节 统计表

知识点 1 统计表的含义和基本结构 ★

1. 统计表的含义

(1)在对数据进行统计分类后,得到的各种数量结果称为统计指标。把统计指标和说明事物之间的关系用表格的形式表示就称为统计表。

(2)统计表具有简明、清晰、准确的特点,表中的数据易于比较分析。

2. 统计表的基本结构

(1)统计表一般由表号、标题、标目、数字、表注(位于表的下方）组成。

（2）心理与教育统计学中常用三线表，三线即顶线、底线和栏目线，其中顶线和底线需加粗，如表2-1所示。

表2-1 统计表的基本结构

表号 标题	
横标目的总标目	纵标目
横标目	数字

表注

表号和标题位于表的正上方，表注位于表的下方。

知识点 2　统计表的分类 ★

1. 次数分布表

次数分布表（frequency table）主要表示数据在各个分组区间内的散布情况。常见的次数分布表有以下6种形式：

（1）简单次数分布表

适合在数据个数和分布范围比较小的情况下使用，依据每一个分数值在一列数据中出现的次数或总计数资料编制成的统计表，如表2-2所示。

表2-2　简单次数分布表示例（各品牌满意度调查统计表）

品　牌	人　数
品牌1	23
品牌2	14
品牌3	35
品牌4	29
品牌5	21
品牌6	37
品牌7	44
品牌8	28
合计	231

（2）分组次数分布表

主要包括组别和次数，多用于数量较多或分布范围较广的数据。

当数据量很大时，先将所有的数据划分为若干分组区间，然后按具体数值的大小将数据划分到相应的组别内，分别统计各个组别中包括的数据个数，再用列表的形式呈现出来，就构成了分组次数分布表，如表2-3所示。

表2-3　分组次数分布表示例（品牌1满意度调查统计表）

得　分	人　数
12~	23
15~	14
18~	35
21~	29
24~	21

①编制步骤

a. **求全距**，即最大值与最小值的差值，常用 R 表示。

b. **确定组距与组数**。

组距是任意一组的起点和终点之间的距离，常用 i 表示；根据全距来定，全距大，则组距可大一些，一般取 2，3，5，10，20 等数值，这样便于计算分组区间和组中值。

组数（分组数目）常用 K 表示，要根据数据的多少来确定：如果数据个数在 100 以上，一般分为 10~20 组；当数据个数较少时，一般分为 7~9 组。$i=$ 全距 $/K$。

c. **列出分组区间和组中值**。

分组区间即一个组的起点值和终点值之间的距离，又叫组限。起点值称组下限，终点值称组上限，组限有表述组限和精确组限两种。

表述组限常取整数。例如，组距为 10 的分组数据，其表述组限为 10~19，20~29 等。

精确组限的确定规律是精确下限为表述组限下限值 −0.5（或 0.05，0.005），精确上限为表述组限上限值 +0.5（或 0.05，0.005），如上述表述组限的精确组限为 9.5~19.5，19.5~29.5。

组中值是位于分组区间精确上、下限之间的中点数值，表示的是其对应的整个分组区间。例如，10 表示的是 9.5~10.5 这一区间，其精确下限为 9.5，精确上限为 10.5。组中值的具体计算如下：

$$组中值 = \frac{精确上限 + 精确下限}{2} = 精确上限 - \frac{组距}{2} = 精确下限 + \frac{组距}{2}$$

d. **登记次数**。将数据登记到相应的组别内。

e. **计算次数**。计算各组次数与总次数，并进行核对。

②优点

能将一堆杂乱无序的数据排列成序，**直观反映各个数据出现的次数和分布状况**；还可以显示这一组数据的集中情况及差异情况等。

③缺点

会产生**归组效应**，即假设各区间的数据均匀分布，并用各组的组中值代表各原始数据，而不管数据原来的情况所造成的误差。

>> TIPS ②

（3）相对次数分布表

主要包括**类别**或**组别**和**相对次数**，将次数分布表中各组的实际次数转化为相对次数，即用**频率**（$\frac{f}{N}$）或**百分比**（$\frac{f}{N} \cdot 100\%$）来表示次数，如表 2-4 所示。

TIPS ②

例如，原始数据为 20，21，26，25，28，27，20，分组区间为 20~28，组中值为 24。计算的时候使用组中值来计算，掩盖了原始数据的差异，这就是归组效应。

表 2-4 相对次数分布表示例（各品牌满意度调查统计表）

品牌	人数	百分比/%
品牌 1	23	9.96
品牌 2	14	6.06
品牌 3	35	15.15
品牌 4	29	12.55
品牌 5	21	9.09
品牌 6	37	16.02
品牌 7	44	19.05
品牌 8	28	12.12
合计	231	100.00

（4）累加次数分布表

主要包括类别或组别、次数和累加次数，把各组的次数由下而上或由上而下累加在一起，最后一组的累加次数等于数据总次数，用累加次数表示的次数分布称为累加次数分布。如表 2-5 所示。

表 2-5 累加次数分布表示例（各品牌满意度调查统计表）

品牌	人数	累加人数
品牌 1	23	23
品牌 2	14	37
品牌 3	35	72
品牌 4	29	101
品牌 5	21	122
品牌 6	37	159
品牌 7	44	203
品牌 8	28	231

（5）双列次数分布表

有联系的两列变量用同一个表格表示其次数分布，如表 2-6 所示。

表 2-6 双列次数分布表示例（各品牌满意度和熟悉度调查统计表）

品牌	满意度	熟悉度
品牌 1	23	23
品牌 2	14	21
品牌 3	35	42
品牌 4	29	34
品牌 5	21	25
品牌 6	37	41
品牌 7	44	38
品牌 8	28	20

（6）不等距次数分布表

一般次数分布表都是等距的，但在实际研究中常遇到不等距的情况，如工资级别、年龄分组等。当按等距分组不能确切地反映实际情况时，可采取不等距分组的方法，如表2-7所示。

表2-7 不等距次数分布表示例（幼儿辨别速度调查表）

年龄/月	辨别速度/s
0~	154
1~	131
3~	99
6~	67
12~	63

2. 其他表

①简单表：只列出名称、地点、时序或统计指标名称的统计表。

②分组表：只有一个分类标志的统计表，也称单向表。

③复合表：拥有两个或两个以上分类标志的统计表。

> **本节小结**
>
> 在对数据进行统计分类后，得到的各种数量称为统计指标；把统计指标和被说明的事物之间的关系用表格的形式表示就得到统计表。统计表包含5个要素：表号、标题、标目、数字、表注。常见的统计表包括次数分布表、简单表、分组表和复合表，其中次数分布表又分为简单次数分布表、分组次数分布表、相对次数分布表、累加次数分布表、双列次数分布表和不等距次数分布表。在本节学习中，要能够准确区分各种次数分布表；对于精确上、下限和组中值等概念，要在理解的基础上做到准确计算。

第二节 统计图

知识点 1 统计图的含义和基本结构 ★

1. 统计图的含义

统计图是依据数据资料，应用点、线、画、面、体、色等描绘制成，简明而又有规律，并且能显示数量的图形，它是统计数据资料的可视化显示方式。

2. 统计图的基本结构

（1）统计图一般采用直角坐标系，通常横坐标表示事物的组别或自变量X，称为分类轴；纵坐标表示事物出现的次数或因变量Y，称为数值轴。除直角坐标系外，还采用角度坐标系（如圆形图）等。

（2）统计图一般由下面几个部分组成：图号、图题、图目、图尺、图形、图例、图注。

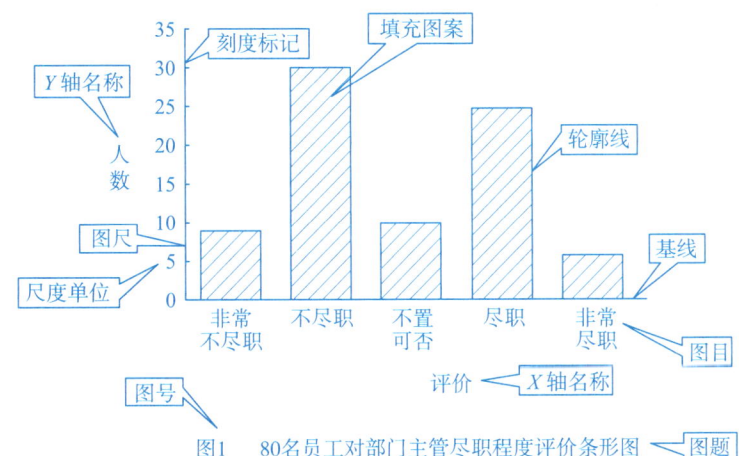

图 2-1　80 名员工对部门主管尽职程度评价条形图

知识点 2　统计图的分类 ★

1. 直方图

（1）直方图分成频次分布直方图和频率分布直方图。

①频次分布直方图的纵坐标是频次，横坐标是分组区间，如图 2-2 所示。

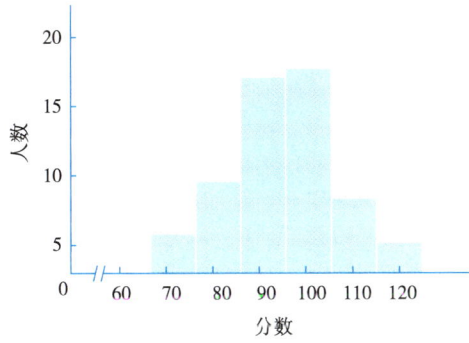

图 2-2　测验分数直方图

②频率分布直方图的纵坐标是频率除以组距，横坐标是分组区间，面积表示频率，总面积等于 1。

2. 次数多边形图　　　　　　　　　　　　　　　>> TIPS ①

（1）次数多边形图是一种表示连续性随机变量次数分布的线形图，凡是等距分组的可以用直方图表示的数据，都可用次数多边形图来表示。

（2）其横坐标是用各分组区间组中值表示的连续变量，纵坐标是数据的频数；连接以每个分组区间的组中值为横坐标，以各组的

对于分组次数多边形图，先确定每个分组的组中值，再找到每个组中值所对应的纵坐标值（频数或 $\dfrac{\text{频数}}{\text{组距}}$），将各个纵坐标值连接起来，便得到次数多边形图。

次数为纵坐标的各点，就成为一条折线；为使计算面积与直方图相等，可将折线两端画至前一组及后一组的组中值点，这样便连接成一个多边形，如图2-3所示。

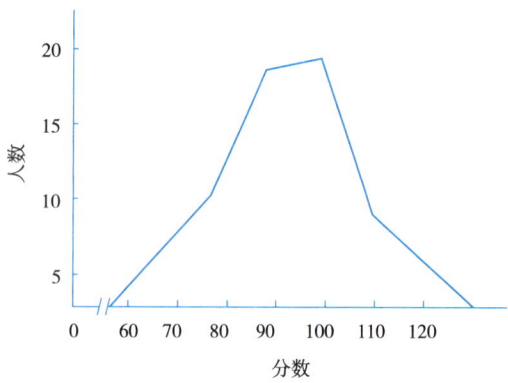

图2-3　测验分数次数多边形图

（3）次数多边形对次数的轮廓显示得更好，在样本较大时可以找出次数分布的经验公式，可以用于多个同质的次数分布的比较。

3. 累加次数分布图

累加次数分布图由累加次数分布表绘制而成，包括累加直方图和累加曲线两种，如图2-4所示。

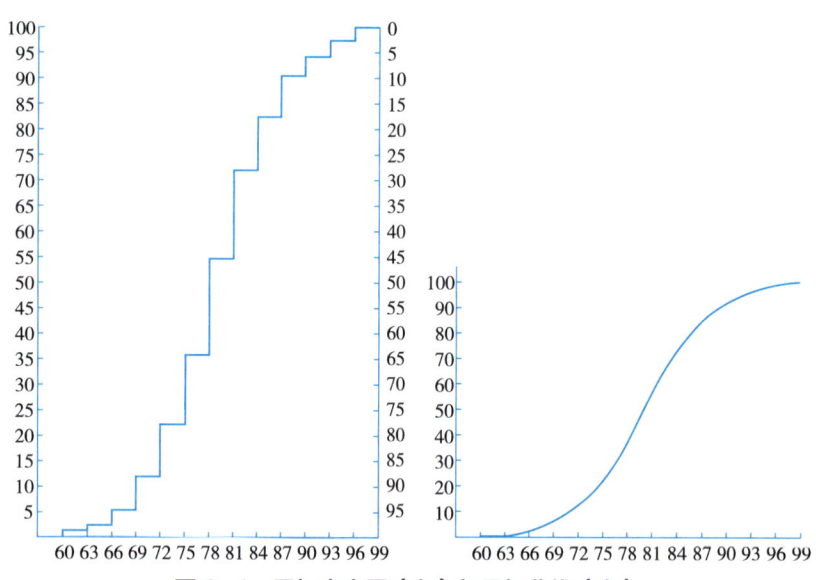

图2-4　累加直方图（左）与累加曲线（右）

（1）累加直方图：横坐标是分组区间，纵坐标是累加次数。从累加直方图中可以清楚地看出某精确上限以下的累加次数；如果在累加直方图右侧纵线上自上而下地标出次数，又可看到某精确下限以上的累加次数。

（2）累加曲线：又称递加线，横坐标是各分组区间的精确上限或精确下限，纵坐标是各分组的累加次数，分别标出各个交点，连

TIPS 2

累加曲线有三种形状：正偏态、负偏态和正态，后续内容会详细介绍。

接各交点即可画成累加曲线。 >> TIPS ②

4. 条形图

（1）条形图又称直条图，主要用于表示<u>离散型数据</u>，用<u>条形的长短</u>表示各事物间数量的大小与数量之间的差异情况。 >> TIPS ③

（2）条形图中的一个轴是分类轴，表示类别，描述计数数据；另一个轴是数量轴，表示大小多少，描述计量数据。纵轴的刻度标签须从 0 开始，<u>等距分点</u>一般不能断开。

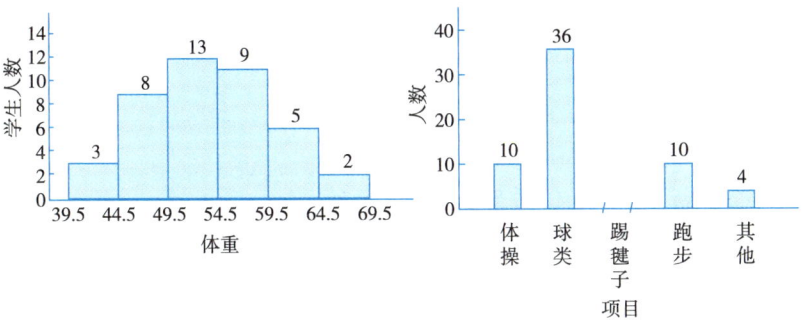

图 2-5 直方图（左）和条形图（右）

TIPS ③

直方图与条形图的区别：①描述的数据类型不同，直方图描述的是连续数据，条形图描述的是离散数据；②标尺分点的含义不同，直方图标尺分点表示数值区间的上/下限，条形图标尺分点表示分类的类别；③图形直观形状不同，直方图各个直方块之间紧密相接，没有间隙，而条形图之间有间隔，直条与直条之间的间隔大小没有任何关系，不表示任何意义。二者的对比，如图 2-5 所示。

5. 圆形图

圆形图又叫扇形图、饼图，主要用于描述<u>间断性资料</u>，目的是显示各部分在整体中所占的<u>比重大小</u>，以及进行各部分之间的比较，如图 2-6 所示。

6. 散点图

散点图又称点图、散布图，以圆点分布的数量、形态和疏密表示<u>两种现象间的相关关系</u>，可用于判断两列数据之间是否存在线性相关关系及其相关关系程度，如图 2-7 所示。

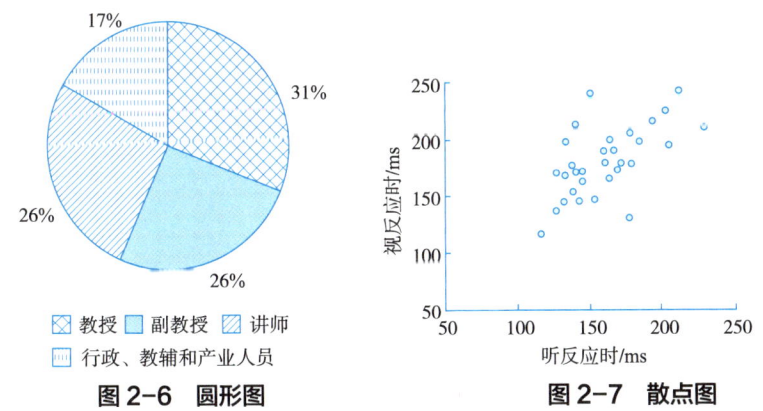

图 2-6 圆形图　　　图 2-7 散点图

7. 线形图

线形图用于<u>描述某种现象在时间上的发展趋势</u>，尤其适用于随着时间变化发生变化的数据，如图 2-8 所示。常用的线形图有折线图和曲线图，折线图由条形图中<u>每个条形顶部的中点</u>连接而成，曲线图由折线分布修匀而成。

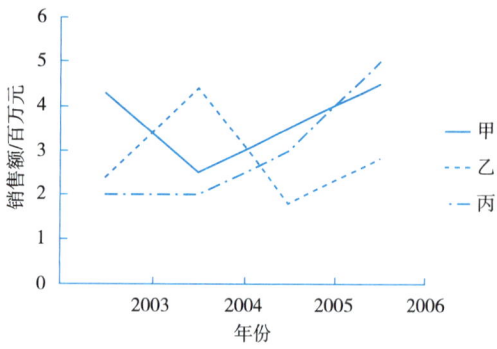

图 2-8　三种饮料年销售额走势图

8. 茎叶图

①当观测数据不是很多时使用，茎代表观测值中十位数部分，叶代表个位数部分，例如，$X=75$ 时，7 为茎，5 为叶。

②如果是分组数据，茎代表分组区间，叶为落在各区间的每个数，例如，茎 7 代表着七十几。

③主要优点是既保留了全部原始数据，又呈现出直方图的形式，具有次数分布表与直方图的双重优点，如图 2-9 所示。

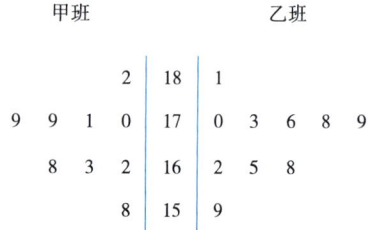

图 2-9　甲、乙两班学生的身高分布图

9. 箱型图

箱型图又称盒须图、盒式图或箱线图，用于直观描述一组数据的分布情况，包括最大值、最小值、四分位数和中位数，尤其适用于比较不同组数据，常用于品质管理，如图 2-10 所示。

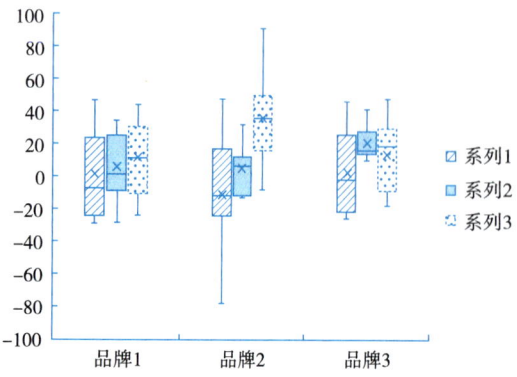

图 2-10　不同品牌不同系列饮料的好感度统计图

典例 1 下列数据资料分别适用于哪种统计图?

(1) 某月某支股票价格的走势。

(2) 某班智力测验的成绩。

(3) 某班智力测验成绩与期末考试成绩的关系。

(4) 甲班和乙班智力测验的成绩比较。

(5) 某小区居民从事各种职业的比重。

本节小结

常见的统计图有直方图、次数多边形图、累加次数分布图、条形图、圆形图、散点图、线形图、茎叶图、箱型图;每种图形都有自己的适用条件,在学习本节时,要注意区分各种图形的适用情况,同时注意区分<u>直</u>方图和<u>条</u>形图。

名词总结

统计表	次数分布表	简单次数分布表
分组次数分布表	相对次数分布表	累加次数分布表
双列次数分布表	不等距次数分布表	全距
表述组限	精确组限	组中值
统计图	直方图	次数多边形图
累加次数分布图	条形图	圆形图
散点图	线形图	茎叶图
箱型图		

第三章 集中量数

数据分布中大量数据向某方向集中的程度，叫集中趋势；用于描述数据集中程度的统计量，叫集中量数，主要包括算术平均数、中数、众数。本章主要介绍这些集中量数的含义、计算方法、特点和优缺点。

在心理学考研中，本章内容多以选择题和简答题的形式进行考查。考生在学习时，尤其需要注意以下两点：第一，把握不同集中量数所表达的概念以及计算方法；第二，注意不同集中量数的适用条件，在不同的条件下选取合适的集中量数。本章所涉及的所有集中量数都是之前数学课程中学习过的，但其定义和计算方法与之前所学有些区别，同时本章知识点的考查方式灵活多样，因此考生需要深层理解、熟练运用。

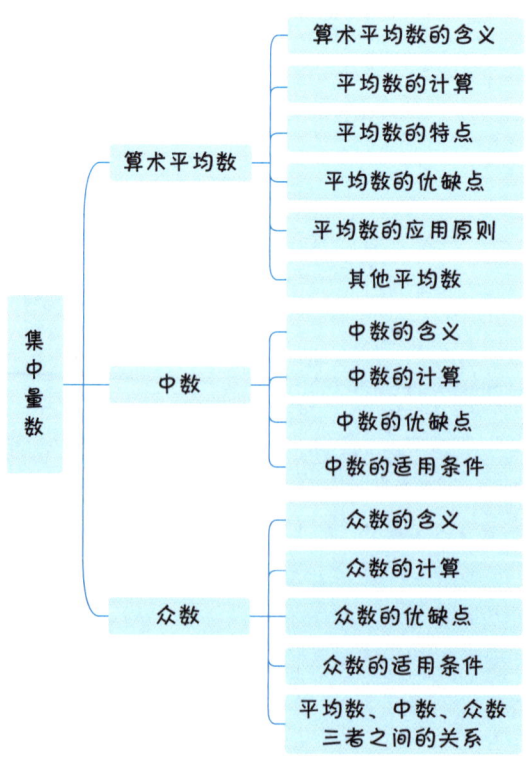

第一节　算术平均数

知识点 1　算术平均数的含义 ★

算术平均数简称平均数、均数或均值（只有在与几何平均数、调和平均数等其他几种平均数相区别的时候，才叫作算术平均数），符号通常为 $\bar{X}$、M（样本统计量）或 μ（总体参数），是应用最普遍的一种集中量数，是"真值"渐近、最佳的估计值。　» TIPS ①

知识点 2　平均数的计算 ★

1. 未分组数据计算平均数

（1）定义式

将所有数据相加，然后除以数据的个数，即得平均数。其公式为：

$$\bar{X} = \frac{\sum X_i}{N}$$

式中，$\sum X_i$ 表示原始数据的总和，N 为数据的个数。

（2）用估计平均数计算平均数

当数据值很大时，可以利用估计式，具体方法为：先设定一个估计平均数（用符号 AM 表示），然后从每一个数据中减去 AM，使数值变小，容易计算，最后在计算结果中加上这个估计平均数。其公式为：

$$\bar{X} = AM + \frac{\sum x'}{N}, \quad x' = X_i - AM$$

式中，AM 为估计平均数；N 为数据的个数。

2. 分组数据计算平均数　

根据次数分布表计算平均数，需要使用各分组区间的组中值来代表落入该区间的各个原始数据，并假设散布在各区间内的数据围绕着该区间的组中值均匀分布。其公式为：

$$\bar{X} = \frac{\sum f X_c}{N}$$

式中，X_c 表示各分组区间的组中值；f 为各组次数；N 表示数据的总次数。

知识点 3　平均数的特点 ★★　

（1）在一组数据中，每个变量与平均数之差（离均差）的总和为零，即 $\sum(X_i - \bar{X}) = 0$。

TIPS ①

真值是指在一定的时间及空间（位置或状态）条件下，被测量所体现的真实数值；真值是一个变量本身所具有的真实值，它是一个理想的概念，一般是无法得到的。

TIPS ②

根据次数分布表计算平均数，各组的频数可视为各组组中值的权重，因而上述公式又可以被称为平均数的加权公式。

TIPS ③

对于这些特点，考生可以根据公式进行推导，或者用一组数据进行验证。从应试的角度来说，大家最主要的是记住这些特点，并能利用这些特点进行运算即可。

（2）在一组数据中，每一个数都加上或减去一个常数 C 所得的平均数为原来的平均数加上或减去常数 C，即 $\dfrac{\sum(X_i \pm C)}{N} = \bar{X} \pm C$。

（3）在一组数据中，每一个数都乘以一个常数 C 所得的平均数为原来的平均数乘以常数 C，即 $\dfrac{\sum(X_i \cdot C)}{N} = \bar{X} \cdot C$。

（4）观测值的总和等于平均数的 N 倍，即 $\sum X_i = N\bar{X}$。

（5）离均差的平方和最小：每个数据与平均数之差的平方和都小于每个数据与任一常数之差的平方和，也就是平均数的"最小平方"原理，即 $\sum(X_i - X)^2 > \sum(X_i - \bar{X})^2$。

知识点 4　平均数的优缺点 ★★

>> TIPS ④

1. 平均数的优点

（1）反应灵敏。观测数据中任何一个数值的变化，都能在计算平均数时反映出来，即每一个数据都被纳入计算，每一个数据变化都会引起平均数的变化。

（2）计算严密。计算平均数有确定的公式，不以人的意志为转移。只要是同一组观测数据，计算的平均数都相同。

（3）计算简单。计算过程只是应用简单的四则运算。

（4）简单明了，易于理解。平均数的概念简单明了，容易理解。

（5）适合进一步代数运算。在求解其他统计特征值，如离均差、方差、标准差时，都会应用平均数。

（6）较少受到抽样影响。观测样本的大小或个体的变化，对计算平均数的影响很小。在来自同一总体逐个样本的集中量数中，平均数的波动通常小于其他量数的波动，因此它是最可靠、最正确的量数。

2. 平均数的缺点

（1）易受极端数据的影响。由于平均数反应灵敏，因此当数据分布呈偏态时，受极值的影响，平均数不能恰当地描述分布的真实情况。

（2）当出现模糊不清的数据时，无法计算平均数。因为计算平均数时需要每个数据都加入计算，所以在次数分布中只要有一个数据含糊不清，都无法进行计算。

知识点 5　平均数的应用原则 ★★

1. 同质性原则

>> TIPS ⑤

平均数只有在总体是由同类数据组成且有足够多的数据单位的情况下，才具有科学价值和认识意义。同质数据是指使用同一种观

TIPS ④

平均数是应用最普遍的一种集中量数，在大多数情况下是真值最好的估计值，这是由于 $\bar{X}$ 是 μ 的无偏估计量，这在所有统计量中是绝无仅有的，此部分内容会在参数估计（第七章）详细介绍。

TIPS ⑤

例如，语文的平均分和数学的平均分的比较就不符合同质性原则。

测手段，采用相同的观测标准能反映某问题的同一方面特质的数据。

2. 与个体数值相结合

平均数会湮没个体差异，因此要与个体数值相结合。 » TIPS ⑥

3. 与标准差、方差相结合

（1）平均数和标准差是用来描述数据总体特征的一对相互联系的统计指标。平均数反映的是总体数据的集中趋势。

（2）但平均数对于总体数据一般水平的代表性如何，要看各个数值之间差异的大小。数据差异大，平均数的代表性就小；数据差异小，平均数的代表性就大。 » TIPS ⑦

知识点 6　其他平均数 ★　　　　　　　　　　» TIPS ⑧

1. 加权平均数

（1）有些测量中所得数据，其单位权重并不相等，这时若要计算平均数，则应该使用加权平均数，其公式为：

$$M_W = \frac{W_1 X_1 + W_2 X_2 + \cdots + W_n X_n}{w_1 + w_2 + \cdots + w_n} = \frac{\sum W_i X_i}{\sum W_i}$$

式中，M_W 为加权平均数；W_i 为权数。

（2）由各小组平均数计算总平均数是应用加权平均数的一个特例，其公式为：

$$\bar{X}_T = \frac{\sum n_i \bar{X}_i}{\sum n_i}$$

式中，$\bar{X}_T$ 为总平均数；n_i 为各项数据的数量；$\bar{X}_i$ 为各项数据对应的平均数。

2. 几何平均数

（1）几何平均数的符号为 M_g，适用于解决求增长比率的平均数一类问题。具体公式如下：

$$M_g = \sqrt[N]{\prod X_i} = \sqrt[N]{X_1 \cdot X_2 \cdots X_i}$$

式中，X_i 为单个数据的值；N 为总数据的个数。

（2）使用上述公式计算，需要开多次方，难以进行，因此，在计算时常采用取对数的方法。因此，几何平均数又称对数平均数，其公式为：

$$\lg M_g = \frac{\sum \lg X_i}{N}$$

3. 调和平均数

调和平均数的符号为 M_H，适用于解决求工作量相等、所需时间不等的平均速率的问题；在计算中，先将各个数据取倒数平均，然后再取倒数，又称倒数平均数，其公式为：

例如，公司中有一个人的工资很高，它会拉高整体薪资水平，这样就湮没了个体差异。

例如，我们常用平均薪资来代表行业的整体薪资水平。如果行业的薪资水平标准差和方差越小，则数据越集中，平均薪资的代表性越大。

这几种平均数在考试中很少涉及计算，考生主要了解其适用条件。

$$\frac{1}{M_H} = \frac{1}{N}\sum\frac{1}{x_i}$$

式中，X_i 为单个数据的值；N 为数据的个数。

> **本节小结**
>
> 算术平均数简称平均数、均数或均值，其符号通常为 $\overline{X}$、M（样本统计量）或 μ（总体参数）；在未分组数据中，将所有数据的总和除以数据个数即得平均数；离均差之和为零且离均差的平方和最小；如果分布中的每一个数据都加上或减去或乘以一个常数 C，则所得平均数为原来的平均数加上或减去或乘以常数 C；平均数的优缺点使其成为描述数据集中趋势的最佳代表，但是平均数在应用中应遵循同质性、与个体数值相结合、与标准差和方差相结合的原则；其他平均数包括加权平均数、几何平均数、调和平均数等。

第二节 中数

知识点 1 中数的含义 ★

中数，又称中位数、中点数、中值，符号通常为 M_d。

它是按顺序排列在一起的一组数据中居于中间位置的数，即在这组数据中，有一半数据比它大，有一半数据比它小。

这个数可能是数据中的某一个，也可能根本不是原有的数。

知识点 2 中数的计算 ★

1. 未分组数据求中数的方法　　» TIPS ①

先将数据依其取值大小排序，然后找出位于中间的那个数，就是中数，此时又分为两种情况：

（1）一组数据中无重复数值或有重复数值但不位于中间的情况。

①当数据个数 N 为奇数时，中数为 $\frac{N+1}{2}$ 位置的那个数。例如，数据 1，3，7 的中数为 3。

②当数据个数 N 为偶数时，中数为居于中间位置两个数的平均数，即第 $\frac{N}{2}$ 和第 $(\frac{N}{2}+1)$ 位置的两个数据相加除以 2。例如，数据 1，3，4，7 的中数为 $\frac{(3+4)}{2}$ =3.5。

（2）一组数据中有重复数值且重复数值位于数列中间的情况。

①当重复数值位于数列中间，且数据的个数为奇数时，中数处于第 $\frac{N+1}{2}$ 位置。

TIPS ①

在统计学中，每个数值都不是客观、孤立的数字，而是受限于一定的精确度的一段数值区间。从原理上讲，哪怕中间的数值没有重复，其实也是一段数值区间，只是为了简化计算，总结出了分有/无重复数值这样的计算规律，但并不意味着有重复数值的时候，它们代表的是数值区间，没有重复数值的时候，它们代表的就是孤立的数字。不管有没有重复数值，它们代表的都是一定精确度下的数值区间，这是统计学里面每一个数据的底层逻辑。

例如 求数列 11，11，11，11，13，13，13，17，17 的中数。

【解析】这组数据共有 9 个（奇数），中数所在的位置为（9+1）/2=5；第 5 个数为 13，13 是一个重复数值，出现了 3 次，因此将 13 这个数值看成 [12.5，13.5) 这一段区间，3 个 13 共享这段区间，第一个 13 可以视作 [12.5，12.5+1/3) 这一段数值区间，第二个 13 可以视作 [12.5+1/3，12.5+2/3) 这一段数值区间，第三个 13 可以视作 [12.5+2/3，13.5) 这一段数值区间，可以结合图 3-1 帮助理解。这里中数落在第一个 13 所在的区间，因此需要计算出第一个 13 所在区间的组中值，即 $12.5+\dfrac{1/3}{2}=12.66$。

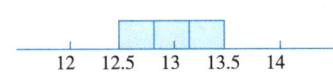

图 3-1 重复数值数列计算中数图示

②当重复数值位于数列中间，且数据的个数为偶数时，中数为第 $\dfrac{N}{2}$ 和第（$\dfrac{N}{2}$+1）位置的数据的平均数。

例如 求数列 11，11，11，11，13，13，13，17，17，18 的中数。

【解析】该组数据共有 10 个（偶数），中数所在的位置为第 5 和第 6 个数的中间；通过上题，我们知道 13 的第一个数值区间为 [12.5，12.5+1/3)，第二个 13 可以视作 [12.5+1/3，12.5+2/3) 这一段数值区间；结合图 3-1，我们可以知道，该数列的中数是第一个 13 和第二个 13 的平均数，因此该数列的中数为

$$\dfrac{12.5+13.16}{2}=12.83$$

2. 分组数据求中数的方法

找到中数所在分组区间，代入以下公式进行计算：

$$M_d = L_a - \dfrac{i}{f}\left(\dfrac{N}{2}-F_a\right) 或 M_d = L_b + \dfrac{i}{f}\left(\dfrac{N}{2}-F_b\right)$$

式中，L_a 和 L_b 分别表示该分组区间的精确上、下限；F_a 和 F_b 分别表示该组以上和以下（不含该组）各组次数的累加次数；f 表示该分组区间的次数；i 表示组距。

知识点 3 中数的优缺点 ★

1. 优点

（1）计算简单。

（2）容易理解。

（3）不受极端值影响。

2. 缺点

（1）中数的计算不是每个数据都加入，其大小不受制于全体数据。

（2）中数反应不够灵敏，极端值的变化对中数不产生影响。

（3）中数受抽样影响较大，不如平均数稳定。

（4）中数计算时需要先对数据的大小进行排列。

（5）中数不能做进一步的代数运算。

知识点 4　中数的适用条件 ★

在以下情况中，常常用中数：

（1）存在极端值和偏态分布。

（2）存在不确定数值。

（3）存在顺序型数据。

（4）尾端开放式分布（一个没有上限或下限的分布，称为尾端开放式分布）。

> **本节小结**
>
> 在一组顺序数据中，中数使得分布中恰好一半的数据位于中数之上，另一半的数据位于中数之下；中数的计算要考虑数据个数的奇偶性和是否有重复数值的情况，当有重复数值且重复数值位于中间时，需将重复数值看作一段区间，可通过画图帮助理解和计算；中数具有不受极端值影响的优点，但也具有不能做进一步代数运算的缺点，因此当一组数据中存在极端值、不确定值、顺序型数据或尾端开放式分布时，使用中数来描述数据的集中趋势。

第三节　众数

知识点 1　众数的含义 ★

众数，又称范数、密集数、通常数，符号通常为 M_o。

众数是在次数分布中出现次数最多的数值。需要注意，众数可能不止一个。

知识点 2　众数的计算 ★

1. 直接观察　　　　　　　　　　　　　　　 TIPS ①

不论是分组的数据还是未分组的数据，都可以直接观察找出出现次数最多的数据，即众数。

2. 公式法

（1）皮尔逊经验法。

皮尔逊研究发现，平均数、中数和众数三者之间的经验关系为：M 与 M_d 之间的距离占 M 与 M_o 之间距离的三分之一，由此得出公

在心理学考研中，一般众数都能直接观察得出。

式：$M_o = 3M_d - 2M$。

用皮尔逊经验法这个公式计算的众数，只能作为一个近似值，它不受次数分布的影响，也只能在 分布接近正态 的情况下应用。

（2）金氏插补法：适合次数分布比较偏斜的情况，比较接近正态的分布也适用，公式为：

$$M_o = L_b + \frac{f_a}{f_a + f_b} \cdot i$$

式中，L_b 为众数所在区间的精确下限；f_a 为高于众数所在组一个组距的分组区间的次数；f_b 为低于众数所在组一个组距的分组区间的次数；i 为组距。

知识点 3　众数的优缺点 ★

1. 优点

（1）众数的概念简单明了，容易理解。

（2）众数计算时不需每一个数据都加入，因而较少受极端值的影响。

2. 缺点

（1）众数反应不够灵敏。

（2）用观察法得到的众数，不是经过严格计算得到的；用公式计算所得众数也只是一个估计值。

（3）众数不能做进一步代数运算。

（4）众数不稳定，受分组和样本变动的影响。

知识点 4　众数的适用条件 ★

（1）当需要快速且粗略地求出一组数据的代表值时。

（2）当一组数据出现不同质时，可用众数表示典型情况。

（3）当次数分布中有两极端的数值时，除一般用中数外，有时也用众数。

（4）当粗略估计次数分布的形态时，有时用平均数与众数之差，作为表示次数分布是否偏态的指标。

（5）当一组数据中同时有两个数值的次数都比较多，即次数分布中出现双众数时，多用众数来表述数据分布形态。

典例1　（单选）现有一组数据：4，1，4，6，6，5，7，7，4，它的中数与众数分别是（　　）。

A. 6，4　　　B. 5，7　　　C. 4，4　　　D. 5，4

知识点 5　平均数、中数、众数三者之间的关系 ★★

1. 在正态分布中，平均数、中数、众数相等，因此在数轴上三个集中量数完全重合,当描述这种次数分布时,只需报告平均数即可。

2. <u>在偏态分布中,</u>平均数永远靠近尾端,中数位于平均数与众数之间,如图3-2所示。

>> TIPS

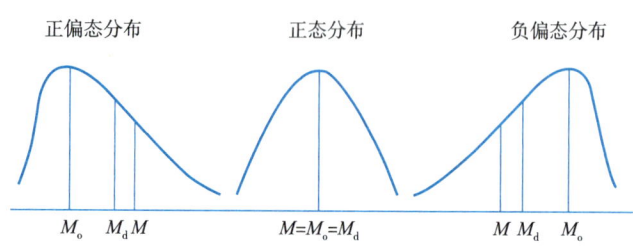

图 3-2　三种分布形态下三数的关系

①正偏态分布:$M_o < M_d < M$。
②负偏态分布:$M < M_d < M_o$。

3. <u>平均数、中数和众数作为集中量数,各自描述的典型情况不同</u>。

图3-3中描述的是 2,3,5,6,7,10,10,14,15 一列数据的三种集中量数的情况,图中每一个方格代表一个相同单位的数据。

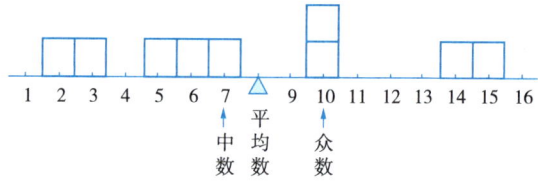

图 3-3　平均数、中数、众数关系示意图

①平均数为一个平衡点,是一组数据的重心,它使数轴保持平衡,即支点两侧的力矩是相等的。
②中数使两侧的数据个数相同。
③众数是次数出现最多,即质量较大的那个数据。

典例 2　(单选)某单位对全部人员的收入进行统计,结果发现数据呈正偏态分布,收入的平均数为 3 600 元,中数为 3 000 元,那么该单位人数最多的普通员工的收入可能是 (　　)。

A. 4 800 元　　B. 3 200 元　　C. 3 000 元　　D. 1 800 元

典例 3　(单选)对于下列实验数据:1,108,11,8,5,6,8,8,7,11,描述其集中趋势用(　　)最合适,其值是(　　)。

A. 平均数,14.4　　　　B. 中数,8.5
C. 众数,8　　　　　　D. 众数,11

TIPS 2

(1)要注意区分三者的关系:在偏态分布中,中数永远位于三者中间,尾部偏向哪侧,平均数就在哪侧。

(2)在选用集中量数时,平均数是首选,它考虑了分布中的每一个数据,与分布的变异性有关系,但在数据分布中有少数极端值、有未确定数值、有模糊数据、所考察分布是开放性的或数据是顺序量表的情况下应用中数;当命名量表无法计算平均数和中数时,只能用众数作为集中量数。

> **本节小结**
>
> 众数是分布中出现频率最高的数据,可以直接通过观察得出;众数具有不受极端值影响的优点,但也具有不能做进一步运算的缺点;如果有双众数,众数是描述数据集中趋势的最佳代表;众数与平均数和中数的关系密切,在正态分布中,平均数、众数和中数相等;在偏态分布中,中数永远位于中间,在正偏态分布中,众数小于中数,在负偏态分布中,中数小于众数。

名词总结

集中量数	算数平均数	中数	众数
离均差	最小平方原理	同质性原则	加权平均数
调和平均数	几何平均数	正态分布	正偏态分布
负偏态分布			

第四章 差异量数与相对量数

知识导读

数据的离中趋势是指数据分布中数据彼此分散的程度。用于描述数据离中趋势的统计量就叫做差异量数，主要包括全距、百分位差、四分位差、离差、平均差、方差、标准差、变异系数等。相对量数是用于表示原始变量在其分布中的地位量数，包括百分位数、百分等级、标准分数等。本章介绍了几种常用的、基础的差异量数与相对量数。

在心理学考研中，本章内容多以选择题、名词解释题和简答题的形式进行考查。考生在学习过程中需要注意把握不同差异量数与相对量数的概念以及计算方法，不要混淆这些概念，如标准差和方差等。本章知识点的考查方式灵活多样，因此考生需要深层理解、熟练运用，能够根据不同情况选用合适的差异量数。

知识地图

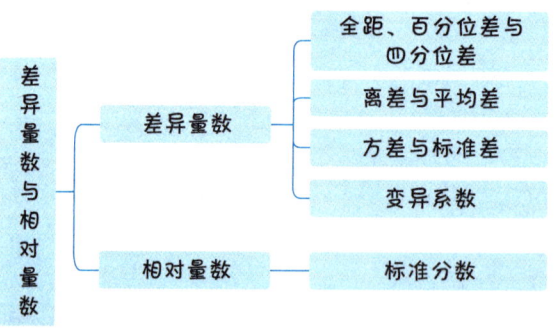

第一节 差异量数

知识点 1 全距、百分位差与四分位差 ★

1. 全距

（1）含义

全距又称两极差、极差，通常用符号 R 表示。它是说明数据离散程度的最简单的统计量。把一组数据按从小到大的顺序排列，用最大值减去最小值就是全距。

计算方法如下：

$$R = X_{max} - X_{min}$$

（2）评价

全距是最简单、最易理解的差异量数，同时也是最粗糙、最不可靠的差异量数，仅利用了数据中的极端值，容易受取样变动的影响。

因此，全距是一种低效的差异量数，主要用于数据的预备性检查，了解数据的大概分布范围和确定统计分组。

2. 百分位差

学习百分位差之前，首先要了解百分位数与百分等级。

（1）百分位数。

①含义。百分位数又称百分位点，是指量尺上的一个点，小于这个点的数据个数占全部数据个数的百分比。

第 p 个百分位数就是这样一个点，次数分布中有 $p\%$ 的数据小于或等于这个数，有 $(100-p)\%$ 的数据大于或等于这个数，记为 P_p。

例如，P_{45} 表示第 45 个百分位数，而 $P_{45}=57$ 表示 P_{45} 反映的数值大小为 57，且在该组数据中，有 45% 的数据小于 57。

典例 1（单选）百分位数 $P_{45}=65$ 表示（　　）。

A. 低于 45 分的人数占总人数的 65%

B. 高于 45 分的人数占总人数的 65%

C. 高于 65 分的人数占总人数的 45%

D. 低于 65 分的人数占总人数的 45%

②百分位数的计算。

$$P_p = L_b + \frac{i}{f}\left(\frac{P}{100} \cdot N - F_b\right)$$

式中，P_p 为所求的第 P 个百分位数；L_b 为百分位数所在组的精确下

分位点即分位数，分位点是将一个随机变量的概率分布范围分为几个等份的数值点，常用的有中位数（二分位数）、四分位数、百分位数等。分位点分为下分位点和上分位点。下分位点指该点以下的数据在全部数据中所占的百分比，百分位数是一种下分位点。上分位点表示该点以上所包含的数据在全部数据中所占的百分比，后面所学的参数估计与假设检验中的 α 就是一个上分位点。

限;f为百分位数所在组的频次;F_b为小于L_b的各组次数的和;N为总次数;i为组距。

(2) 百分等级。

①含义。百分等级指的是某个数据在整个数据分布中所处的百分位置,可以表示任何一个分数在该团体中的相对位置,符号通常为P_R,它是一种相对位置量数,是百分位数的逆运算。 >> TIPS ②

例如,70 的百分等级为 65,表述为当 $X=70$ 时,$P_R=65$,表示比 70 低的数据占全部数据的 65%。

②百分等级的计算。

a. 分组数据的计算。

$$P_R = \frac{100}{N} \cdot \left[F_b + \frac{f(X - L_b)}{i} \right]$$

式中,P_R 为所求的百分等级;X 为给定的原始分数;f 为该分数所在组的频次;L_b 为该分数所在组的精确下限;F_b 为小于L_b的各组次数的和;N 为总次数;i 为组距。

b. 未分组数据的计算。

$$P_R = 100 - \frac{100 \times R - 50}{N}$$

式中,R 为某数值在总数据个数中的排序位次;N 为被试总人数。

③百分位数和百分等级的评价。

a. 百分位数是顺序数据,不具有等距单位,不能进行进一步的计算和统计。

b. 当测验分数的分布为正态或接近正态时,百分位数将夸大分布中间的原始分数的差异,缩小分布两端的原始分数的差异。

c. 百分等级是相对于特定的被试团体而言的,解释不能离开特定的参数团体,即使被试得分不变,但参数团体变了,百分等级值也可能发生变化。

(3) 百分位差。

①含义。百分位差是指某一百分位数与另一百分位数之间的差值。常用的百分位差有 $P_{90} - P_{10}$ 和 $P_{93} - P_7$。

例如,第 90 个百分位数 $P_{90}=95$,第 10 个百分位数 $P_{10}=35$,那么二者的差值为 $P_{90} - P_{10} = 95 - 35 = 60$。

②评价。百分位差容易理解,便于计算且较少受两极数值的影响,但无法反映出分布的中间数值的差异情况,稳定性较差(未考虑全部数据)。

典例 2 (计算)如表 4-1 所示,计算该分布的百分位差 $P_{90} - P_{10}$。

TIPS ②

百分位数与百分等级的关键区别在于,百分位数表示的是具体的数值,而百分等级表示的是百分比。注意,百分位数和百分等级都是相对量数,在这里介绍是方便大家理解百分位差。

表 4-1 次数分布表

分组	f	cf
10~	7	7
15~	9	16
20~	11	27
25~	16	43
30~	21	64
35~	34	98
40~	24	122
45~	16	138
50~	8	146
55~	6	152
60~	4	156
65~	1	157
Σ	157	

3. 四分位差

（1）含义。四分位差是指在一个次数分布中，中间 50% 的次数的距离的一半，常用符号 Q 表示。它的值等于 P_{75}（又称第三四分位，Q_3）与 P_{25}（又称第一四分位，Q_1）之差的一半，计算公式如下：

$$Q = \frac{Q_3 - Q_1}{2}$$

（2）评价。这个差异量数能反映出数据分布中间 50% 数据的散布情况，可视为百分位差的特殊形式。

知识点 2　离差与平均差 ★

1. 离差

（1）含义。离差也就是离均差，又叫偏差，是分布中的某点到均值的距离，即某一数据与平均数的差。　　>> TIPS ③

离差的符号为 x_i，表示了某点与均值之间的位置关系，而数值表示了它们之间的绝对距离。x_i 为正，表示观测值大于平均数；x_i 为负，表示观测值小于平均数。

（2）计算公式。

$$x_i = X_i - \bar{X}$$

2. 平均差

（1）含义

平均差是次数分布中所有原始数据与平均数绝对离差的平均值，

离差有两个特点：一是离差和为 0，二是离差平方和最小。这两个特点非常重要，在后续方差分析中会用到。

即所有离差绝对值的平均值，符号通常为 A.D. 或 M.D.。

（2）计算公式

$$A.D. = \frac{\sum |X_i - \bar{X}|}{n} = \frac{\sum |x_i|}{n}$$

（3）评价

①优点

平均差充分考虑了每个数值的离中情况，完整地反映了全部数值的分散程度，在反映离中趋势方面比较灵敏，计算方法也比较简单。

②缺点

它需要对离差取绝对值，不利于进一步做统计分析。

知识点 3 方差与标准差 ★★

1. 平方和与自由度

在学习方差与标准差之前，首先要了解<u>平方和</u>与<u>自由度</u>。

（1）<u>平方和</u>又叫<u>离差平方和</u>、<u>均方和</u>、<u>和方</u>，符号为 SS，即<u>对离差取平方之后再进行求和</u>。计算公式为：

$$SS = \sum_{i=1}^{n} x_i^2 = \sum (X - \bar{X})^2 = \sum X^2 - \frac{(\sum X)^2}{n}$$

（2）<u>自由度</u>是当以样本的统计量来估计总体的参数时，<u>样本中能自由变化的数据的个数</u>，符号为 df。自由度决定样本中独立的和可以自由变化的数据的个数，计算公式为：　　　　　　　　　　　　》TIPS ④

$$df = N - k$$

式中，N 为总数据个数；k 为被条件限制的数据个数。

（3）<u>均方</u>为平方和与自由度之比，符号通常为 MS，计算公式为：

$$MS = \frac{SS}{df} = \frac{\sum x_i^2}{df}$$

2. 方差与标准差的含义和计算　　　　　　　　》TIPS ⑤

（1）总体的方差和标准差。

①<u>方差</u>又称变异数、均方，是每个数据与该组数据平均数之差平方后的均值，即<u>离均差平方和的平均数</u>。方差本质上是对距离的平方的一种度量，作为总体参数，用符号 σ^2 表示。

$$\sigma^2 = \frac{SS}{N} = \frac{\sum x^2}{N} = \frac{\sum (X - \mu)^2}{N}$$

②<u>标准差即方差的算术平方根</u>。由于我们的最终目标是确定原始分数到均值的标准距离，即对距离的度量，所以将总体方差开平方，进而得到了总体标准差，作为总体参数，用符号 σ 表示。

$$\sigma = \sqrt{\frac{SS}{N}} = \sqrt{\frac{\sum x^2}{N}} = \sqrt{\frac{\sum (X - \mu)^2}{N}}$$

TIPS ④

自由度的概念极为重要，需要牢牢理解与掌握。通俗来说，k 就是一组数据中无法自由变化的数据的个数，大部分情况下，k=1，但还需结合具体情况考虑。

例如，一个样本共有 10 个数据，且其均值为 5，那么该样本的自由度为 9，即 10 个数里面有 9 个数可以自由变化，剩余的第 10 个数就是被限制的数，无论前 9 个数怎么变化，加上第 10 个数的和必须是 50，才能满足均值为 5 这一条件。因此，第 10 个数是无法自由变化的数，能够自由变化的数有 9 个，即自由度为 9。

TIPS ⑤

考生要注意理解这些公式的含义，以及它们之间的逻辑关联：我们的目的是通过找到平均数的标准距离来测量变异性，然而不能简单地计算离差的平均数，因为离差和总为 0，故我们先给每个离差取平方，然后找到各离差的平方的平均数（方差），最后开方（标准差），得到对标准距离的测量。因此，平方和是离差取平方后所求的和，方差是平方和的平均数，标准差是平方和的平均数的平方根，这样，就只需要记住平方和的公式就可以了。

（2）样本方差和标准差。

由于进行推论统计的目的是希望利用样本的有限信息推论出有关总体的信息或结论，所以通常是用样本的方差和标准差来推断出总体的方差和标准差。

样本的变异性往往比来自总体的变异性要小，为了矫正样本数据带来的偏差，在计算样本方差时，用自由度来矫正样本误差，从而有利于对总体参数进行更好的无偏差估计。

标准差是方差的算术平方根，作为样本统计量，样本方差用符号 s^2 表示，样本标准差用符号 s 表示。

$$s^2 = \frac{SS}{n-1} = \frac{\sum(X-\bar{X})^2}{n-1}$$

$$s = \sqrt{s^2} = \sqrt{\frac{\sum(X-\bar{X})^2}{n-1}}$$

典例3 （单选）离差平方和的均值是（　　）。

A. 标准差　　B. 平均差　　C. 均方　　D. 方差

（3）总方差与总标准差的合成。

由于方差具有可加性特点，在已知几个小组的方差或标准差的情况下，可以计算出几个小组联合在一起的总的方差或标准差。

需要注意的是，只有在应用同一种观测手段，测量的是同一种特质，只是样本不同时，才能应用下面的公式合成方差和标准差。

公式如下：

$$s_T^2 = \frac{\sum n_i s_i^2 + \sum n_i d_i^2}{\sum n_i}$$

$$s_T = \sqrt{\frac{\sum n_i s_i^2 + \sum n_i d_i^2}{\sum n_i}}$$

式中：s_T^2 为总方差，s_T 为总标准差，s_i 为各小组标准差，n_i 为各小组数据个数，$d_i = \bar{X}_T - \bar{X}_i$（$\bar{X}_T$ 为总平均数，$\bar{X}_i$ 为各小组平均数）。

3. 方差与标准差的性质

（1）方差的性质。

当满足方差来源独立这一条件时，方差具有可加性和可分解性特点。

方差分析就是利用方差这一特点去分解和确定属于不同来源的变异性，来说明来源的变异对总变异产生的影响。

（2）标准差的性质。

①每一个观测值都加一个相同的常数 C 之后，标准差不变，即如果有 $Y_i = X_i + C$，则有 $s_Y = s_X$。

②每一个观测值都乘以一个相同的常数 C 之后,所得标准差 s_Y 为原标准差 s_X 乘以这个常数 C 的绝对值,即如果有 $Y_i=X_iC$,则有 $s_Y=s_X|C|$。

③每一个观测值都乘以一个相同的常数 C,再加上一个常数 D,所得标准差为原标准差乘以常数 C 的绝对值,即如果有 $Y_i=X_iC+D$,则有 $s_Y=s_X|C|$。

典例 4（单选）有一组数据：2，3，4，5，6，7，8。该组数据的平均数和标准差分别是 5 和 2，如果给这组数据的每个数都加上 3，再乘以 2，那么可以得到一组新数据，其平均数和标准差分别是（　　）。

A. 8，2　　　B. 8，5　　　C. 16，4　　　D. 16，10

4. 方差或标准差的优点

（1）反应灵敏，每个数据取值的变化都会引起方差或标准差的变化。

（2）计算公式严密确定。

（3）容易计算。

（4）适合进一步代数运算。

（5）受抽样变动影响小，即同一总体不同样本的标准差或方差比较稳定。

5. 方差和标准差的意义

（1）方差与标准差是表示一组数据离散程度的最好指标。其值越大，说明次数分布的离散程度越大，该组数据较分散；其值越小，说明次数分布的数据比较集中，离散程度越小。

（2）它们是统计描述与统计推断分析中最常用的差异量数。在描述统计部分中，只需要标准差就足以说明一组数据的离中趋势。

6. 应用

异常值的取舍：遵循"正负三个标准差法则"。　>> TIPS ⑥

知识点 4　变异系数 ★

1. 变异系数的含义与计算公式

（1）含义。变异系数又称差异系数、相对标准差，符号通常为 CV。它是一种相对差异量数，是标准差对平均数的百分比。>> TIPS ⑦

（2）计算公式。

$$CV = \frac{s}{\overline{X}} \times 100\%$$

式中，s 为某样本的标准差；$\overline{X}$ 为该样本的平均数。

TIPS ⑥

"正负三个标准差法则"是指可以认为正负三个标准差包含了一组数据的全部数据个数。

TIPS ⑦

变异系数越大，代表变异性越大，说明数据越分散；变异系数越小，代表变异性越小，说明数据越集中。

2. 变异系数的适用条件 >> TIPS

（1）同一团体不同观测值离散程度的比较。

（2）对于水平相差较大，但进行的是同一种观测的各种团体，进行观测值离散程度的比较。

3. 变异系数使用时的注意事项

（1）测量的数据要保证具有等距尺度，这时计算的平均数和标准差才有意义，应用差异系数进行比较也才有意义。

（2）观测工具应具备绝对零值，这时应用差异系数去比较分散程度，效果才更好。

（3）差异系数只能用于一般的相对差异量的描述，至今尚无有效的假设检验方法，因此对差异系数不能进行统计推论。

典例5 （单选）某中学初一、初二的学生接受同一个测验，初一学生平均分为65分，标准差为5，初二学生平均分为80分，标准差为6。以下结论正确的是（　　）。

A. 初一学生分数比初二学生分数的离散程度大

B. 初二学生分数比初一学生分数的离散程度大

C. 两个年级分数的离散程度无法比较

D. 两个年级分数的离散程度一样大

> **本节小结**
>
> 　　描述数据分散或聚集状况的量数叫差异量数。本节介绍了全距、百分位差、四分位差、离差、平均差、方差、标准差、变异系数等差异量数。全距是指最大值和最小值之间的距离；在学习百分位差时，了解了百分位数和百分等级的概念；离差也叫离均差，是指某一数据与平均数的差；平均差是所有离差绝对值的平均值；方差是离差平方和的平均数；标准差是方差的算术平方根。当两个或两个以上样本所使用的观察工具不同，所测特质不同；或者使用的是同一种观测工具，所测特质相同，但是样本间的水平相差较大时，就用相对差异量数——变异系数。变异系数是标准差对平均数的百分比。在学习本节内容时，要注意理解和区分百分位数与百分等级、离差与平均差、方差与标准差这些概念，并掌握相关的计算方法。

第二节　相对量数

知识点 1　标准分数 ★★★

1. 标准分数的含义和计算 >> TIPS

（1）含义。标准分数又称Z分数、基分数，符号通常为Z。它

TIPS

例如，同时测量大一新生的身高和体重，比较其离散程度，就属于同一团体不同观测值；同时测量初一学生和大一学生的跳远成绩，问其离散程度，就属于比较不同团体同一观测值的离散程度。

TIPS

除标准分数是相对位置量数外，百分位数与百分等级也是相对位置量数，三者都可以用来表示一个原始分数在全体分数中所处的相对位置，并且标准分数与百分等级之间可以通过查 P-Z 转换表进行相互转换。

是以平均数为参照点，以标准差为单位来表示一个原始分数在团体中所处位置的相对位置量数。

标准分数表示原始分数在平均数以上或以下几个标准差的位置，从而明确该分数在团体中的相对地位。标准分数是原始分数与平均数相减并除以标准差所得的商数，故没有实际单位。

（2）计算公式。计算标准分数的过程就是分数标准化。

样本数据：$Z = \dfrac{X - \bar{X}}{s}$

总体数据：$Z = \dfrac{X - \mu}{\sigma}$

式中，X 为原始数据；$\bar{X}$ 为样本平均数；μ 为总体平均数；s 为样本标准差；σ 为总体标准差。

典例6 （单选）在某次考试中，小明的语文、数学成绩均为80分，英语成绩为75分。已知全班三科的平均成绩都为65分，语文成绩的标准差为10，数学成绩的标准差为15，英语成绩的标准差为5。小明的三科成绩按照标准分数由大到小进行排序的结果是（　　）。

  A. 语文、数学、英语　　　B. 英语、数学、语文
  C. 英语、语文、数学　　　D. 语文、英语、数学

典例7 （单选）某标准测验获得的原始分数均值为80，标准差为16，导出分数均值为50，标准差为10。某被试参加测验所得导出分数为70，那么他的原始分数是（　　）。

  A. 76　　　B. 80　　　C. 100　　　D. 112

2. 标准分数的性质

（1）Z分数无实际单位，是以平均数为参照点，以标准差为单位的一个相对量。

（2）Z分数可正可负。Z分数为正，表明原始分数大于平均数；Z分数为负，表明原始分数小于平均数。

（3）同组数据中，各个Z分数的和为0，均值也为0，且标准差为1。

（4）分数标准化不改变原始分数的分布形态，即分数标准化后的分布形态与其对应的原始分数的分布形态相同。

（5）若原始分数呈正态分布时，则转换后得到Z分数的均值为0，标准差为1的标准正态分布。

3. 标准分数的优缺点

（1）标准分数的优点

①可比性。标准分数以团体平均分为比较基准，以标准差为单位，因此，不同性质的原始分数都可以转换为标准分数进行比较。

②可加性。标准分数因不受原始分数单位的影响，而使不同性

由Z分数的计算公式可知，Z分数的分子是离差，而同一组数据的离差和为0，所以对同一组数据的Z分数求和，可得Z分数的和为0。

Z分数的符号（+或−）表示该分数是在平均数之上还是在平均数之下，数字表示该分数到平均数的距离等于几个标准差。例如，某分布的平均数为70，标准差为3，那么原始分数X=76可以转换为Z=+2.00，它代表原始分数高于平均数（"+"），且距离等于2个标准差（6）。

质的原始分数具有相同的参照点，从而可以相加。

③明确性。利用标准分数查表知道该分数的百分等级，也就知道了该被试分数在全体被试分数中的地位，所以标准分数较原始分数意义更为明确。

④稳定性。原始分数转换为标准分数后，标准差为1，保证了不同性质的分数在总分数中的权重一样，避免了不同测验之间标准差巨大的差异所导致的偏差，使分数能更稳定、更全面、更真实地反映被试的水平。

（2）标准分数的缺点

①计算繁杂，概念抽象，不易理解。

②原始分数转化为标准分数后，常常带有小数或负数，不易理解和书写。

③在进行比较时，原始分数必须为相同的分布形态。

4. 标准分数的应用　　　　　　　　　　　　　>> TIPS ④

（1）比较不同性质的观测值在各自数据分布中所处相对位置的高低。

（2）计算不同性质的观测值转化为标准分数后的总和或平均值，表示在团体中的相对位置。

（3）若标准分数中有小数、负数等不易被人接受的问题，可通过线性公式将其转化成新的标准分数（如韦氏成人智力量表）。

TIPS ④

差异系数与标准分数相比，差异系数反映的是整组数据的离散程度，而标准分数反映的是单个数据的相对位置高低；差异系数只能用于比较不同组的数据，而标准分数可以用于比较同组的数据。

本节小结

本节主要介绍了相对量数，相对量数包括百分位数、百分等级和标准分数。

标准分数是以平均数为参照点，以标准差为单位来表示一个原始分数在团体中所处位置的相对位置量数；它是原始分数与平均数相减并除以标准差所得的商数；标准分数无实际单位，其平均数为零，且标准差为1；标准分数具有可比性、可加性、明确性、稳定性的特点，但在转化过程中常带有小数或负数，因此，人们常将其转换为正态标准分数。在学习本节内容时，考生要掌握标准分数的性质及优缺点，在后续的学习当中也会频繁地使用到标准分数的内容。

名词总结

离中趋势	全距	百分位数	百分等级
百分位差	四分位差	平方和	自由度
平均差	方差	标准差	变异系数
标准分数	相对位置量数	T分数	

第五章 相关关系

知识导读

相关关系是描述统计的最后一章（也有教材将相关关系归为推论统计），主要介绍了两组或多组变量之间的关系。本章先介绍了相关关系的含义、分类，相关系数以及描述和预测相关趋势的散点图；然后介绍了相关系数的计算，包括积差相关、等级相关、质与量相关、品质相关；最后介绍了如何选用相关系数。

在心理学考研中，本章内容多以选择题、名词解释题、简答题或计算题的形式进行考查。考生在学习本章内容时，不仅要掌握各种相关的适用条件，能针对不同的数据类型选用正确的相关分析方法，而且能够熟练使用各种相关分析方法的计算公式，最后能对相关系数值做出判断和解释。

知识地图

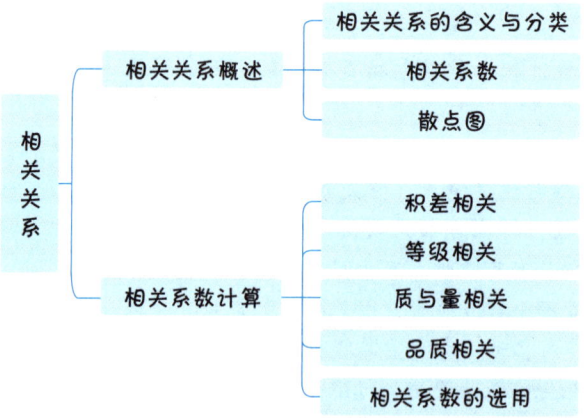

第一节 相关关系概述

知识点 1 相关关系的含义与分类 ★★

1. 相关关系的含义

相关关系指的是<u>两个变量在发展变化的方向与大小方面存在一定的联系</u>，但不能确定是因果关系还是共变关系。　　>> TIPS ①

2. 相关关系的分类　　>> TIPS ②

相关关系的分类如表 5-1 所示。

表 5-1　相关关系的分类

划分依据	类型	含义	例子
变化方向	正相关	变化方向相同（当一种变量变动时，另一种变量也同时发生或大或小与前一种变量同方向的变动）	努力程度和学习成绩
	负相关	变化方向相反（两列变量中有一列变量变动时，另一列变量呈现出或大或小与前一列变量方向相反的变动）	年龄和听力水平
	零相关	变化方向无规律（两列变量没有关系，即一列变量变动时，另一列变量做无规律的变动）	发量和智力水平
是否线性	线性相关	一个变量变动时，另一个变量也相应地发生均等的变动	身高和体重
	非线性相关	一个变量变动时，另一个变量也相应地发生不均等的变动	动机强度和工作效率

知识点 2 相关系数 ★★

1. 相关系数的含义

相关系数是两列变量间线性相关程度的数字表现形式，也是用来表示线性相关关系强度的指标。它作为样本统计量时用 r 表示，作为总体参数时一般用 ρ 表示。

2. 相关系数的特点

（1）相关系数的<u>取值范围</u>是 [-1, 1]，它是一个比值，常用小数形式表示。

（2）相关系数的<u>正、负表示相关的方向</u>，正值表示正相关，负值表示负相关。

（3）<u>相关系数的绝对值表示相关的强弱程度</u>，绝对值越接近 1，

（1）事物之间的相互关系包括以下三种：

①相关关系是客观现象存在的一种非确定的相互依存关系，即自变量的每一个取值，因变量由于受随机因素的影响，与其所对应的数值是非确定性的。相关分析中的自变量和因变量没有严格的区别，可以互换，二者是没有方向的。

②因果关系，严格区别了自变量和因变量，二者不可互换，是有方向的。

③共变关系，即表面看起来有联系的两类现象都与第三种现象有关；共变关系是一种受中介变量调节的关系。

（2）从定义上可以看出相关关系包含因果关系，因果关系严格规定了自变量和因变量之间的相关关系，共变关系则与相关关系与因果关系均相交，不相交部分是没有中介变量（相关或因果）或仅受中介变量调节（共变）。

正相关是"同增共减"的关系，负相关是"此增彼减"的关系。

相关程度越密切。

（4）相关系数 r=+1.00 时表示完全正相关，r=-1.00 时表示完全负相关，这两者都是完全相关；r=0 时表示完全独立，也就是零相关，即没有任何线性相关。

3. 相关系数的解释

（1）相关系数是顺序数据，不是等距数据，因而在比较不同相关系数值代表的相关程度时，只能说绝对值大者比绝对值小者相关更密切一些，而不能用倍数关系说明。

（2）使两变量之间出现相关的原因至少有三种：X 影响 Y、Y 影响 X、其他变量同时影响 X 和 Y。因此，相关关系只能从统计学意义上判定两变量之间存在一定的数量关系，不能直接判定两者为因果或共变关系。

（3）一个强相关意味着两个变量之间有密切的关系，当两个变量之间的关系受到其他变量的影响时，两者之间的高强度相关很可能是一种"伪相关"。

（4）若有证据表明某一变量确实对欲探讨的两变量存在影响，且两变量为线性关系，则可用偏相关和半偏相关进行控制，研究两变量间纯净的相关度。 ≫ TIPS ③

（5）即使相关系数较小，但如果在统计上有显著性，也能够说明心理规律。

（6）测定系数是相关系数的平方（即 r^2），用以说明两列变量的变异中一方能由另一方解释的部分多少。 ≫ TIPS ④

4. 相关系数的应用

$0 \leq |r| < 0.2$ 时，可能没有相关；
$0.2 \leq |r| < 0.4$ 时，弱相关；
$0.4 \leq |r| < 0.6$ 时，中等程度相关；
$0.6 \leq |r| < 0.8$ 时，强相关；
$0.8 \leq |r| < 1$，非常强的相关；
$|r|=1$，完全相关。

知识点 3 散点图 ★

1. 散点图的含义

（1）散点图通过散点的数量、疏密程度、散布形状和整体走向来显示两个变量的数据个数、相关强度、性质和方向，能够对原始数据间的关系做出直观、有效的预测和解释。

（2）在进行相关分析之前，通常都要先做出散点图来描述数据，

偏相关是将第三个变量与 X_1 和 X_2 两个连续变量的相关完全排除之后，计算 X_1 和 X_2 的单纯相关；在计算排除效果时，如果仅处理第三个变量与 X_1 和 X_2 中某一个变量的相关，则所计算出来的相关系数叫作半偏相关。

例如，相关系数为 0.2 时，测定系数为 0.04，也就是说，两列变量的变异中一方能由另一方解释的部分有 0.04 或 4%。

最主要的目的是确定两变量间为线性关系；其次，就是通过散点图直观地预测相关趋势和相关程度。

2. 散点图的描述

（1）散点的数量：表示数据的个数。

（2）散点的疏密程度：表示相关的强度，散点之间越紧密，相关程度越高。

（3）散点的散布形状：表示相关的性质，散布形状趋近于椭圆状，说明两变量之间呈线性相关。

（4）散点的整体走向：表示相关的方向，整体呈左下－右上走向，表明两变量为正相关；整体呈左上－右下走向，表明两变量为负相关；整体呈"一盘散沙"，表明两变量之间为零相关，如图5-1所示。

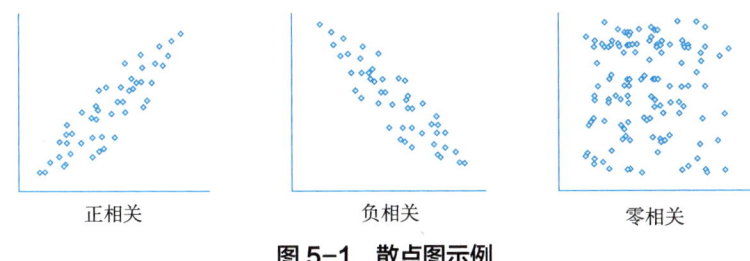

图 5-1　散点图示例

典例 1（多选）散点图的形状为一条直线，且两个变量方差均不为 0，它们之间的相关系数可能为（　　）。

A. 1　　　　B. 0.5　　　　C. 0　　　　D. -1

> **本节小结**
> 本节主要对相关关系进行了介绍。相关关系是指两个变量在发展变化的方向与大小方面存在一定的联系，但不能确定是因果关系还是共变关系；相关关系主要有三种，即正相关、负相关和零相关，一般用相关系数 r 来衡量相关关系的程度，其取值范围为 $[-1, 1]$；在相关研究中，常用散点图对原始数据间的关系做出直观而有效的预测和解释。

第二节　相关系数计算

知识点 1　积差相关 ★★★

1. 含义

积差相关即皮尔逊积差相关，又叫积矩相关，是计算相关系数最常用和最基本的方法，可以用来表示两个变量线性相关的程度。

2. 适用条件

（1）数据成对出现，数据对间相互独立，样本量不少于 30 对。

（2）两列变量间的关系为线性关系。

（3）两列相关变量均为连续变量，即数据为等距或等比的测量数据。

（4）两列变量各自的总体均为正态分布或接近正态分布的单峰分布。

3. 计算公式

（1）利用原始观测值的计算公式，适用于大部分情况：

$$r = \frac{X 和 Y 共同变化的程度}{X 和 Y 各自变化的程度} = \frac{\frac{\sum xy}{N}}{\sqrt{\frac{\sum x^2}{N}} \cdot \sqrt{\frac{\sum y^2}{N}}} = \frac{\sum xy}{\sqrt{\sum x^2 \cdot \sum y^2}} = \frac{SP}{\sqrt{SS_X \cdot SS_Y}}$$

其中

$$x = X - \bar{X}, \quad y = Y - \bar{Y};$$

$$SS_X = \sum (X - \bar{X})^2 = \sum X^2 - \frac{(\sum X)^2}{N}$$

$$SS_Y = \sum (Y - \bar{Y})^2 = \sum Y^2 - \frac{(\sum Y)^2}{N}$$

$$SP = \sum (X - \bar{X})(Y - \bar{Y}) = \sum XY - \frac{\sum X \sum Y}{N}$$

式中，x，y 为两个变量的离均差。

（2）运用标准差与离均差的计算公式，尤其适用于两列变量的方差或标准差已知时：

$$r = \frac{SP}{N \cdot s_X s_Y}$$

式中，s_X 为 X 变量的标准差；s_Y 为 Y 变量的标准差。

（3）利用标准分数的计算公式，尤其适用于原始数据被转化为标准分数时：

$$r = \frac{\sum Z_X Z_Y}{N}$$

式中，Z_X 为 X 变量的 Z 分数；Z_Y 为 Y 变量的 Z 分数；N 为成对数据的数目。

（4）将 $Z_X = \frac{X - \bar{X}}{s_X}$ 和 $Z_Y = \frac{Y - \bar{Y}}{s_Y}$ 代入第（3）个公式，可以得到计算公式：

TIPS ①

SP 为离均差积和，在前面，我们曾经用类似的概念 SS（离均差平方和）来测量某个变量的差异性，现在我们使用 SP 来测量两个变量之间的共变性。大家注意看 SS 公式和 SP 公式之间的相似性，SS 是使用平方，而 SP 是使用积，这样就能更好地理解这两个概念。

$$r = \frac{\sum(X-\bar{X})(Y-\bar{Y})}{Ns_X s_Y}$$

其中，$\dfrac{\sum(X-\bar{X})(Y-\bar{Y})}{N}$ 为协方差。协方差指两个变量离均差乘积的平均数，反映两变量共同变异的大小。

（5）如果直接用原始数据计算，可由第（4）个公式推出：

>> TIPS ②

$$r = \frac{\sum XY - \dfrac{\sum X \sum Y}{N}}{\sqrt{\sum X^2 - \dfrac{(\sum X)^2}{N}} \cdot \sqrt{\sum Y^2 - \dfrac{(\sum Y)^2}{N}}}$$

典例 2 使用皮尔逊积差相关方法计算下列数据的相关系数（$n=5$）。

X	Y
0	2
10	6
4	2
8	4
8	6

知识点 2　等级相关 ★

1. 斯皮尔曼等级相关

（1）含义：斯皮尔曼等级相关是斯皮尔曼根据积差相关的概念推导出来的，是等级相关的一种，又称斯皮尔曼 ρ 系数，常用符号 r_R 或 r_S 表示。

（2）适用条件：数据成对出现；两列变量间的关系为线性关系；两列相关变量均为等级变量；对数据总体分布不做要求。　>> TIPS ③

（3）计算公式。

①等级差数法。（$N<30$）

$$r_R = 1 - \frac{6\sum D^2}{N(N^2-1)}$$

式中，N 为等级个数，D 为两列变量的等级差数。

②等级序数法。

$$r_R = \frac{3}{N-1} \cdot \left[\frac{4\sum R_X R_Y}{N(N+1)} - (N+1)\right]$$

式中，R_X 和 R_Y 分别为两列变量各自排列的等级序数。

由两列变量计算一个相关系数，是将两列变量合为一列变量，先计算两列变量各自的平均数和标准差，然后将成对变量的离差相乘（称为积差），即 $(X-\bar{X})(Y-\bar{Y})$；积差的平均数称协方差，记为 $\mathrm{COV}(X, Y)$，即 $\mathrm{COV}(X, Y) = \dfrac{\sum(X-\bar{X})(Y-\bar{Y})}{N}$。协方差可以揭示两个变量之间的相关关系，但是采用协方差的前提是两列变量的测量单位相同。为了克服这种局限性，可采用之前学习过的标准分数的方法，将原始分数转换为以标准差为单位的量表分数，再除以各自的标准差，就得到公式 $\dfrac{\sum(X-\bar{X})(Y-\bar{Y})}{Ns_X s_Y} = \dfrac{SP}{N \cdot s_X s_Y} = \dfrac{\sum Z_X Z_Y}{N}$，只要大家理解了这个逻辑，就不需要刻意记忆积差相关的公式，根据题意就能以最快的速度选择适合的公式进行计算。

等级相关主要源于两个方面：一是研究者所收集的数据本身是等级评定的资料；二是研究所收集的原本为等距或比率变量的资料，因不满足积差相关的使用条件而需要将其转化为等级性资料进行分析。

2. 肯德尔等级相关

肯德尔等级相关方法有多种，有的适合两列等级变量，有的适合多列等级变量。其中，适合多列等级变量资料的有肯德尔和谐系数（W系数）和肯德尔一致性系数（U系数）。

（1）肯德尔W系数。

①适用条件：肯德尔W系数又称肯德尔和谐系数。采用W系数时，原始数据资料的获得一般采用等级评定法，即让k个被试对N个事物进行等级排列，或让1个被试先后k次评价N件事物，得到K列从1到N的等级变量观测数据。 ≫ TIPS ④

②计算公式

肯德尔界定W为每一评价对象实际得到的等级总和的变异与被评价对象最大可能变化的等级总和的变异的比值。

a. 无相同等级出现时，计算公式如下：

$$W = \frac{s}{\frac{K^2}{12}(N^3 - N)}$$

式中，$s = \sum R_i^2 - \frac{(\sum R_i)^2}{N}$，$R_i$ 为第 i 个评价对象获得的等级之和；N 为被评价者的数量；K 为评价次数。

b. 有相同等级出现时，计算公式如下：

$$W = \frac{s}{\frac{K^2}{12}(N^3 - N) - K\sum T}$$

式中，$s = \sum R_i^2 - \frac{(\sum R_i)^2}{N}$；$\sum T = \sum \frac{n^3 - n}{12}$，$n$ 为相同等级的数目。

典例3 4名教师各自评阅相同的五篇作文，表5-2为每名教师给每篇作文评定的等级，试计算肯德尔W系数并写出计算过程。

表5-2 作文评定表

作 文	评分者			
	1	2	3	4
一	3	3	3	3
二	5	5	4	5
三	2	2	1	1
四	4	4	5	4
五	1	1	2	2

（2）肯德尔一致性系数（U系数）。

①适用条件：肯德尔一致性系数又称肯德尔U系数。采用U系数时，评价者采用对偶比较法，将N件事物两两之间进行评定、择优选择，记为1或0。

TIPS ④

等级评定的例子：10个人对红、橙、黄、绿、青、蓝、紫7种颜色，按照自己的喜好程度从小到大依次编号。

②计算公式 »TIPS ⑤ »TIPS ⑥

$$U = \frac{8\left(\sum r_{ij}^2 - K\sum r_{ij}\right)}{N(N-1)K(K-1)} + 1$$

式中，r_{ij} 为对偶比较记录表中 $i > j$ 格中的择优分数，N 为被评价事物的数目，K 为评价者的数目。

知识点 3 质与量相关 ★★

一列为等比或等距的测量数据，另一列是按性质划分的类别时，欲求这样两列变量的直线相关，称之为质量相关，包括点二列相关、二列相关和多列相关。

按事物的某一性质划分的只有两类结果的变量，称为二分变量；二分变量分为真正的二分变量和人为的二分变量。其中，真正的二分变量又称为离散型二分变量或二分称名变量，根据客观依据只能划分为两类，如性别。

人为的二分变量指该变量原本为等距或等比数据，但被人为地分成两个类别，如考试分数可划分为及格与不及格两类。

1. 点二列相关

（1）适用条件：一个变量是连续变量，且总体是正态分布，另一个变量是真正的二分变量。

（2）计算公式

$$r_{pb} = \frac{\bar{X}_p - \bar{X}_q}{s_t}\sqrt{pq} = \frac{\bar{X}_p - \bar{X}_t}{s_t}\sqrt{\frac{p}{q}}$$

式中，$\bar{X}_t$ 为连续变量的平均数；$\bar{X}_p$ 为与二分称名变量的一个值对应的连续变量的平均数；$\bar{X}_q$ 为与二分称名变量的另一个值对应的连续变量的平均数；p 和 q 为二分称名变量两个值各自所占的比率，且 $p+q=1$；s_t 为连续变量的标准差。

2. 二列相关

（1）适用条件：两个变量都是连续变量，且总体是正态分布；其中一列变量被人为地划分为二分变量。 »TIPS ⑦

（2）计算公式

$$r_b = \frac{\bar{X}_p - \bar{X}_q}{s_t} \cdot \frac{pq}{y} = \frac{\bar{X}_p - \bar{X}_t}{s_t} \cdot \frac{p}{y}$$

式中，s_t 和 $\bar{X}_t$ 分别为连续变量的标准差与平均数；$\bar{X}_p$ 为与二分变量中某一分类对偶的连续变量的平均数；$\bar{X}_q$ 为与二分变量中另一分类对偶的连续变量的平均数；p 为某一分类在所有二分变量中所占的比率；y 为标准正态分布曲线中为标准正态分布曲线中 p 值所对应的高

TIPS ⑤

对偶比较的例子：10个人对红、橙、黄、绿、青、蓝、紫 7 种颜色进行喜好的评定，先将红色和橙色放在一起，让被试选择一个最喜欢的，再将红色和黄色放在一起，让被试选择一个最喜欢的，以此类推……

TIPS ⑥

对于肯德尔系数，需要注意两点：

①取值范围并非 [-1, 1]，W 系数的取值范围为 [0, 1]，U 系数的取值范围为 $\left[-\frac{1}{K}, 1\right]$（$k$ 为奇数）或 $\left[-\frac{1}{K-1}, 1\right]$（$k$ 为偶数）。

②虽然都是用于 K 个被试对 N 个被评定者进行评定，但 W 系数采用等级排列法，U 系数采用对偶比较法。

TIPS ⑦

对真正二分与人为二分需做到仔细区分，若只涉及类别差异，如性别分为男性、女性，成绩分为及格、不及格，则为真正二分；若数据本身呈正态分布，并根据某种标准被划分为两类，则为人为二分，如数学成绩60分以上为及格，60分以下为不及格。

度，查正态分布表得到。

3. 多列相关

多列相关适用于处理两列正态变量资料，其中一列为连续变量，另一列被人为划分为多种类别。

知识点 4 品质相关 ★

用于表示 $R \times C$（行 × 列）表的两个变量之间的关联程度的相关是品质相关，这种相关的两个变量只被划分为不同的品质类别。

品质相关处理的数据类型一般都是计数数据，而非测量性数据；品质相关主要包括四分相关、Φ相关和列联表相关。

1. 四分相关

（1）适用条件：两个变量都是连续变量且服从正态分布，每一个变量都被人为地分为两种类别，即两个变量都是人为的二分变量。

（2）计算时常采用皮尔逊余弦π法。

$$r_t = \cos\left(\frac{180°}{1+\sqrt{\frac{ad}{bc}}}\right) = \cos\left(\frac{\sqrt{bc}}{\sqrt{ad}+\sqrt{bc}}\pi\right)$$

式中，a，b，c，d 分别为四个表中的数据；π为圆周率。

2. Φ相关

（1）适用条件：两个变量都是真正的二分变量，构成一个 2×2 的列联表，也称四格表，如图5-2所示。

a	b
c	d

图5-2 变量四格表

（2）计算公式

$$r_\Phi = \frac{ad-bc}{\sqrt{(a+b)(a+c)(b+d)(c+d)}}$$

式中，a，b，c，d 分别对应表中左上、右上、左下、右下的数据。

典例4　为研究吸烟与癌症之间的关系，吸烟状况（X）分为吸烟（1）和非吸烟（0），死亡原因（Y）分为吸烟致癌死亡（1）和其他原因死亡（0），问两者是否存在相关？

X：1 1 1 1 1 1 1 1 1 1 0 0 0 0 0 0 0 0 0 0

Y：1 0 1 1 0 1 1 1 0 0 1 0 0 0 0 1 0 0 0 1

（3）Φ相关系数的意义

Φ<0.3，表示相关较弱；Φ>0.6时，表示相关较强。

3. 列联表相关

列联表相关又称均方相依系数、接触系数等，一般用 C 表示，

是由二因素的 $R \times C$ 列联表资料求得。

（1）适用条件：成对数据，两列变量均为**多类变量**，适用于二因素 $R \times C$ 列联表。

（2）计算公式

$$C = \sqrt{\frac{\chi^2}{n + \chi^2}}$$

式中，χ^2 为卡方值。

当两个因素完全独立时，C 为 0，反之它不会超过 1，但达不到 1。为了弥补这个缺点，楚波罗提出了另一个公式：

$$T = \sqrt{\frac{\chi^2}{\sqrt{(R-1)(C-1)}N}}$$

这个公式在 $R \neq C$ 时，T 也不能达到 1。

当双变量的测量型数据被整理成次数分布表后，也可用列联表相关系数表示两变量的相关程度。此时，当分组数目 $R \geq 5$，$C \geq 5$，而且样本 N 又较大时，计算的列联表相关系数 C 与积差相关系数 r 很接近。

知识点 5 相关系数的选用 ★★★

各相关系数的适用条件总结，如表 5-3 所示。

表 5-3 各相关系数的适用条件总结

相关系数		第一列变量	第二列变量
积差相关		等距或比率数据	等距或比率数据
等级相关	斯皮尔曼等级相关	顺序数据	顺序数据
	肯德尔等级相关	多列顺序数据	
质与量相关	点二列相关	真正的二分数据	等距或比率数据
	二列相关	人为的二分数据	等距或比率数据
	多列相关	多类数据	等距或比率数据
品质相关	Φ 相关	真正的二分数据	真正的二分数据
	四分相关	人为的二分数据	人为的二分数据
	列联表相关	多类数据	多类数据

>> TIPS

**TIPS **

考生一定要掌握这张表格总结的内容，在心理学考研中该内容被多次考查；此外，需要重点掌握积差相关、点二列相关和 Φ 相关的计算公式，在考试中会涉及计算。

典例 5 某测验全部由单项选择题组成，总分为连续数据，如果要计算该测验中题目的区分度，最常用的方法是（　　）。

A. 点二列相关　　　　B. 积差相关

C. 二列相关　　　　　D. Φ 相关

> **本节小结**
>
> 　　本节主要介绍了相关系数的计算，包括积差相关、等级相关、质与量相关和品质相关。等级相关又包括斯皮尔曼等级相关、肯德尔等级相关（分为肯德尔 W 系数和肯德尔 U 系数）；质与量相关又包括点二列相关、二列相关和多列相关；品质相关又包括四分相关、Φ 相关和列联表相关。每种相关的适用条件不同。

名词总结

相关关系	共变关系	因果关系
正相关	负相关	零相关
线性相关	相关系数	散点图
积差相关	等级相关	斯皮尔曼等级相关
肯德尔等级相关	肯德尔 W 系数	肯德尔 U 系数
等级评定法	对偶比较法	质与量相关
点二列相关	二列相关	多列相关
真正的二分变量	人为的二分变量	品质相关
四分相关	Φ 相关	列联表相关

第六章　推论统计的数学基础

知识导读

从本章开始，进入推论统计的内容。推论统计是从总体中抽取样本，用样本的情况来对总体进行最佳的估计。如何使抽取的样本对总体有最好的代表性？这就需要选用合适的抽样方法来解决。要研究样本的结果能在多大程度上代表总体的情况，就必须找出样本与总体的联系媒介，即抽样分布，这就需要掌握概率及概率分布的基础知识。因此，本章先介绍了概率的基础知识，然后介绍了常见的两种分布（正态分布和二项分布）和三大抽样分布（卡方分布、t分布和F分布），最后介绍了抽样原理和方法。

在心理学考研中，本章内容多以选择题的形式进行考查，但是本章内容是学习后续章节的基础，因此，考生在学习中，要理解概率的含义和计算，掌握正态分布的特点和应用、二项分布的计算和应用，以及三大抽样分布的特点；区分各种抽样分布的特点；此外，相关的计算方法一定要结合习题反复练习，能够在理解的基础上灵活运用。

知识地图

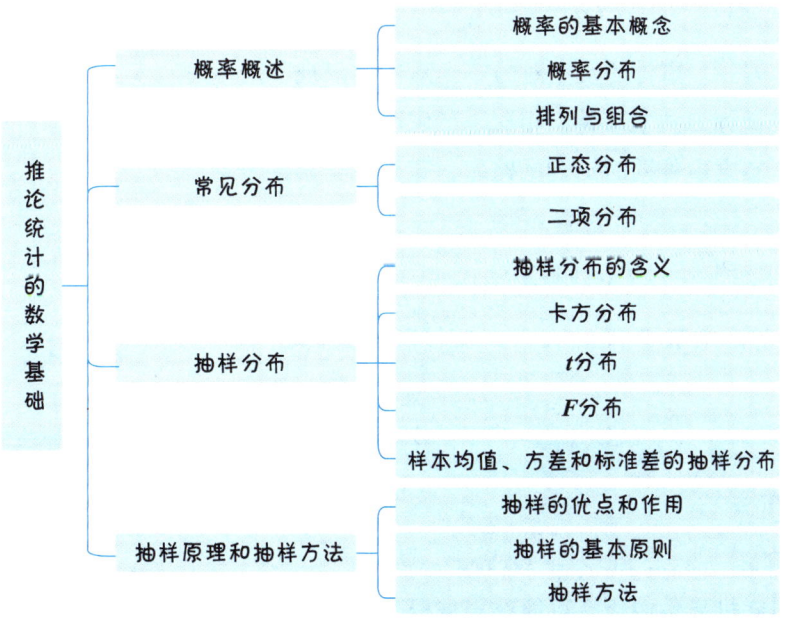

第一节 概率概述

知识点 1 概率的基本概念 ★

1. 概率的含义

概率是随机事件在实验中<u>发生可能性的程度或可能性的大小</u>，用符号 P 表示。　　　　　　　　　　>> TIPS ①

2. 概率的分类

（1）<u>后验概率</u>（posterior probability）：指某件事<u>已经发生</u>，想要计算这件事发生的原因是由某个因素引起的概率。

（2）<u>先验概率</u>（prior probability）：指根据以往经验和分析，<u>在实验或采样前</u>就可以得到的概率。

（3）在进行多次观测时，按观测结果计算的概率（后验概率）基本接近先验概率。

3. 概率的公理系统　　　　　　　　　　　　　>> TIPS ②

（1）任一随机事件 A 的概率都是非负的，即 $0 \leq P(A) \leq 1$。

（2）在一定条件下<u>必然发生的事件（必然事件）的概率为 1</u>。

（3）在一定条件下<u>必然不发生的事件（不可能事件）的概率为 0</u>。

4. 概率的基本定理　　　　　　　　　　　　　>> TIPS ③

（1）<u>加法定理</u>。在同一次实验中，不可能同时出现的事件叫作互不相容事件（互斥事件），否则二者为相容事件，<u>两个互不相容事件 A，B 同时出现的概率，等于两个事件的概率之和</u>，公式为：

$$P(A+B) = P(A) + P(B)$$

（2）<u>乘法定理</u>。若一个事件的发生对另一个事件的出现不产生任何影响，则该事件被称为<u>独立事件</u>，相反，产生影响的两个事件叫作相关事件。两<u>个独立事件同时出现的概率，等于两个事件概率的乘积</u>，公式为：

$$P(AB) = P(A) \times P(B)$$

<u>典例 1</u>　（单选）两个骰子掷一次，出现相同点数的概率是（　　）。

A. 1/3　　　B. 1/6　　　C. 1/12　　　D. 1/36

知识点 2 概率分布 ★

1. 概率分布的含义

概率分布是指对<u>随机事件中所有可能结果的概率分布情况用数

TIPS ①

随机事件是指在一定条件下可能出现也可能不出现的事件，如掷硬币时正面朝上可能发生也可能不发生。随机事件虽然在每次试验中可能发生，也可能不发生，表现出随机性、偶然性，但是当试验次数很大时，会表现出统计的规律性。概率和数理统计就是研究随机事件之间的关系，用数学来描述这些可能发生也可能不发生的事件。

TIPS ②

①必然事件是指每次试验一定发生的结果，不可能事件是一定不发生的结果。例如，掷骰子的时候看点数，点数小于 8 点的是必然事件，点数大于 8 点的是不可能事件。因此，一个事件要么不发生，概率就是 0；要么发生，概率就是 1。

②后两条性质的逆定理不成立，即对于概率等于 1 的某个事件，并不能断定为必然事件，只能说出现的可能性非常大；同理，对于概率等于 0 的某个事件，也不能断定为不可能事件，只能说出现的可能性非常小。因为这在离散的古典概型上是成立的，但在连续的几何概型上是不成立的。例如，在画成四个格子的纸上扔图钉，扔在格子交界线上的概率是 0，扔在空白处的概率是 1，但不代表扔在交界线上是不可能事件，扔在空白处是必然事件。

TIPS ③

加法定理和乘法定理的区别在于：加法定理与分类有关，各种方法相互独立，用其中任意一种方法都可以完成这件事；乘法定理与分步有关，各个步骤相互依存，只有各个步骤都完成了，这件事才算完成了。

学方法（函数）进行描述。由于随机事件的可能结果的取值具有随机性，也称为随机变量。概率分布就是对随机变量各种取值情况的概率规律进行描述。　　　　　　　　　　　　» TIPS ④

TIPS ④

随机变量简而言之就是取值前不确定的变量。概率分布就是随机变量取值情况的分布。在实际应用中，常常根据频率分布的形态对概率分布的形态做近似的估计。

2. 概率分布的类型

（1）依据随机变量是否具有连续性，概率分布分为离散分布与连续分布。

①离散分布是指离散随机变量的概率分布，即计数数据的概率分布，它用离散随机变量的分布函数来描述它的分布规律。最常用的离散分布为二项分布。

②连续分布是指连续随机变量的概率分布，即测量数据的概率分布，它用连续随机变量的分布函数来描述它的分布规律。最常用的连续分布为正态分布。

（2）依据分布函数的来源，概率分布分为经验分布与理论分布。

①经验分布是根据观察或实验所获得的数据而编制的次数分布或相对频率分布，其往往是总体的一个样本，可以给研究对象一个初步描述，并作为推论总体的依据。

②理论分布有两种，一是随机变量概率分布的函数，二是按某种数学模型计算出的总体的次数分布。

（3）依据所描述的数据特征，概率分布分为基本随机变量分布和抽样分布。

①基本随机变量分布是指基本随机变量的理论分布，心理与教育统计中最常用的基本随机变量分布有二项分布和正态分布。

②抽样分布是指样本统计量的理论分布。样本统计量是由样本数据计算得来的，不含任何未知变量和参数，包括平均数、方差、标准差、相关系数、回归系数等。　　　　　　　» TIPS ⑤

TIPS ⑤

推论统计是建立在概率基础上的，所以学习推论统计应掌握一些概率的知识及其常用数学模型或概率分布，如正态分布、二项分布、t分布等。样本统计量的抽样分布为统计推断（参数估计和假设检验）提供依据，以估计总体均值的统计推断为例，我们观测到的样本均值$\bar{X}$是从未知总体中随机抽取的，是随机变量的某次具体取值，我们需要先构造一个随机变量，这个随机变量中同时包含$\bar{X}$和总体平均数μ，再看这个随机变量服从什么样的抽样分布，然后根据这个随机变量服从的抽样分布的特点，就可以知道该随机变量落在某个区间是有一定的概率的，从而结合这个分布的形态去推断$\bar{X}$和μ的关系。

知识点 3　排列与组合 ★

1. 排列（数）　　　　　　　　» TIPS ⑥

从 n 个不同元素中，任取其中 m 个排成与顺序有关的一排的方法数叫排列数，记作 A_n^m。排列数 A_n^m 的计算公式为：

$$A_n^m = \frac{n!}{(n-m)!} = n(n-1)\cdots(n-m+1)$$

2. 组合（数）　　　　　» TIPS ⑦　» TIPS ⑧

从 n 个不同元素中，任取其中 m 个排成与顺序无关的一排的方法数叫组合数，记作 C_n^m。组合数 C_n^m 的计算公式为：

$$C_n^m = \frac{A_n^m}{m!} = \frac{n!}{(n-m)!m!}$$

TIPS ⑥

例如，从5个字母中每次选5个全排，其排列种数为 $A_5^5 = \frac{5!}{(5-5)!} = \frac{5!}{0!} = 5\times4\times3\times2\times1 = 120$ 种。注意，$0! = 1$。

TIPS ⑦

例如，从5个不同的硬币中同时取出2个的组合次数为 $C_5^2 = \frac{5!}{2!(5-2)!} = \frac{5!}{2!3!} = \frac{5\times4\times3}{3\times2} = 10$ 种。

> **本节小结**
>
> 本节介绍了概率的基本概念，随机现象是指在一定条件下可能出现也可能不出现的事件，表明随机事件出现可能性大小的客观指标就是概率，概率包括后验概率和先验概率，概率的基本性质包括三个公理系统、加法定理及乘法定理。随机变量所有可能的取值及其相应的概率被称为概率分布，概率分布根据不同的划分标准，可以划分为不同的类型。排列与组合是概率计算的基石，如果需要排序，则是排列数；反之则是组合数。

第二节 常见分布

知识点 1 正态分布 ★★★

1. 正态分布的含义

（1）<u>正态分布</u>又称高斯分布、常态分布、常态分配，由棣莫弗发现，拉普拉斯、高斯也对其研究做出了贡献。

（2）正态分布是一种<u>连续随机变量概率分布</u>，也是最重要、应用最为广泛的一种理论分布，记作 $X \sim N(\mu, \sigma^2)$。

（3）生活中<u>大部分数据都呈正态分布</u>，如身高、体重等。正态分布的具体形态如图 6-1 所示。

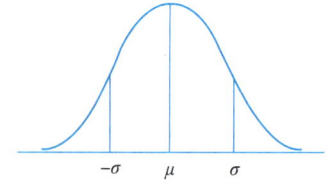

图 6-1 正态分布的具体形态

（4）正态分布曲线函数又称密度函数，其一般方程为：

$$y = \frac{1}{\sigma\sqrt{2\pi}} e^{-\frac{(X-\mu)^2}{2\sigma^2}}$$

式中，y 为概率，即正态分布的纵坐标；π 为圆周率；e 为自然对数的底数；X 为随机变量；μ 为理论平均数；σ^2 为理论方差。

由上述公式可知，当 $X=\mu$ 时，y 取最大值。　　　　》TIPS ①

2. 正态分布的特点

（1）正态分布的形式是<u>左右对称</u>的，<u>且正态分布以平均数为对称轴</u>。

（2）在正态分布中，<u>平均数、中数、众数相等</u>，此时 y 值最大（标准正态分布的最大值约为 0.3989），左右相等间距的 y 值相等。

（3）<u>正态分布的中央点最高</u>，然后逐渐向两侧下降，曲线先向

 TIPS 8

排列与组合在考纲中一般不做明确要求，但二者是概率计算的基石，且在往年考试的选择题中有过考查，故在此加以叙述。$n!$ 叫作 n 的阶乘，其含义为从 1 一直乘到 n，即 $n! = 1 \times 2 \times 3 \times \cdots \times n$。计算组合数时一般先计算对应的排列数，再除以 $m!$，这一步实际上是在进行除序，就是把相同元素不同顺序的排列数去除到只剩一个。排列与组合的区别在于取出元素后是否需要排序，如果需要排序，则为排列数，反之为组合数。例如，在排列中，12，21 是不同的排列数；而在组合中，12，21 则是同一个组合数。

①从概率的角度来说，服从正态分布的随机变量在取值区间中部的取值概率最大，从中间到两侧，取值概率逐渐减小，且两侧的取值概率是对称的。

②通俗地说，正态分布就是中间量数次数分布多，两端量数次数分布少，呈对称型的概率分布。

③均值决定正态分布的位置，均值越大，则正态越靠右；标准差决定正态分布的形状，标准差越大，正态分布曲线越低阔。

内弯，然后向外弯，拐点位于 ±σ 处。

（4）曲线两端无限靠近基线，但与基线永不相交。

（5）正态分布是一族分布，即正态分布曲线有无数条。当 σ 一定时，曲线的位置由 μ 确定，曲线随着 μ 的变化左右平移。当 μ 一定时，曲线的形状由 σ 确定：σ 越小，曲线越"瘦高"，表示总体的分布越集中；σ 越大，曲线越"矮胖"，表示总体的分布越分散。

（6）正态分布曲线下的面积为 1，对称轴左右各 0.5。正态分布曲线下的面积可视作概率，且与标准差 s 有一定的数量关系：±1σ 之间包含 68.26% 的面积，±1.645σ 之间包含 90% 的面积，±1.96σ 之间包含 95% 的面积，±2σ 之间包含 95.44% 的面积，±2.58σ 之间包含 99% 的面积，±3σ 之间包含 99.73% 的面积，如图 6-2 所示。

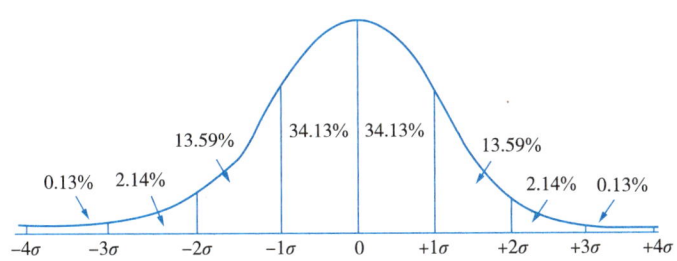

图 6-2　正态分布曲线下的标准差面积比例

（7）所有正态分布都可以经由 Z 分数公式转换成标准正态分布（又称 Z 分布），这个转换过程也叫标准化。标准正态分布的平均数为 0，方差为 1，记作 $X \sim N(0, 1)$，具有固定的形态。　　

3. 正态分布在测验中的应用　　

（1）化等级评定为测量数据。

（2）确定测验题目的难易程度。

（3）在能力分组或等级评定时确定人数。

（4）测验分数正态化。

例如　分别求 $Z=-0.85$ 以下和 $Z=-0.34$ 至 $Z=-0.62$ 的面积。

【解析】（1）画出正态分布曲线，通过查正态分布表可得，当 $Z=0.85$ 时，$P=0.3023$，故所求的面积为 $0.5-0.3023=0.1977$。如图 6-3 所示。

（2）画出正态分布曲线，通过查表可得，当 $Z=-0.34$ 时，$P=0.1331$；当 $Z=0.62$ 时，$P=0.2324$。因此所求的面积为 $0.1331+0.2324=0.3655$。如图 6-4 所示。

典例 2　（单选）某测验用百分等级表示测验结果，某受测者的测验结果低于平均分一个标准差，他在该组被试中的百分等级是（　　）。

TIPS 2

（1）正态分布与标准正态分布的区别与联系。

①区别：正态分布是一族分布，随随机变量的平均数、标准差的大小与单位的不同而有不同的形态；而标准正态分布的平均数和标准差都是固定的，标准正态分布曲线只有一条。

②联系：标准正态分布是正态分布的一种，具有正态分布的所有特征，所有正态分布都可以通过 Z 分数公式转换成标准正态分布。标准正态分布是平均数为 0，标准差为 1 的正态分布。

（2）无论是正态分布还是标准正态分布，曲线下的面积均为 1，代表所有可能发生事件的概率和，要牢记：曲线下的面积＝概率。例如在标准正态分布中，±1.96σ 包含总面积的 95%，表示随机抽取一个数值，落在 ±1.96σ 所包含的标准正态分布曲线下的概率为 95%。

TIPS 3

（1）需注意概率 P 和 Z 分数可通过查表相互转化；同时已知概率 P 或 Z 分数，也可通过查表获得其概率（y），即纵坐标值。

（2）正态分布可进行线性转换，进而克服 Z 分数有负值或小数这一缺点。正态分布与 Z 分数也是统计中较为重要的内容之一，一定要牢牢掌握。

A. 10 　　　B. 16 　　　C. 34 　　　D. 50

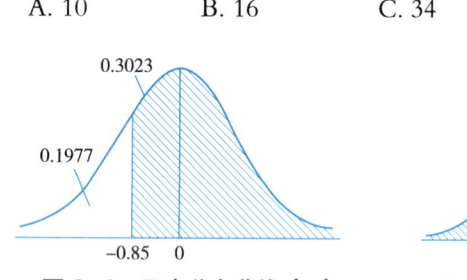

图6-3　正态分布曲线（1）　　　图6-4　正态分布曲线（2）

知识点 2　二项分布 ★★

1. 二项试验

又称贝努里试验，须满足以下几个条件：　　>> TIPS ④

（1）任何一次试验恰有两个结果。

（2）共有 n 次试验，n 是预先给定的任一正整数。

（3）每次试验各自独立。

（4）某结果的概率在任一次试验中都是固定的。

2. 二项分布的含义

（1）二项分布是指试验仅有两种不同性质结果的概率分布，即各个变量都可归为两个不同性质中的一个，两个观测值是对立的，因而二项分布又可以说是两个对立事件的概率分布，记为 $X \sim B(n, p)$。

（2）n 次二项试验中某事件出现的概率为 p，不出现的概率为 q（$q=1-p$），则该事件出现 x（$x=0, 1, 2, \cdots, n$）次的概率分布为：

$$B(x, n, p) = c_n^x p^x q^{n-x}, \quad c_n^x = \frac{n!}{x!(n-x)!}$$

3. 二项分布的特点

（1）二项分布是离散型分布，当 $p=q$ 时图形对称，当 $p \neq q$ 时图形呈偏态。

（2）若二项分布满足 $p < q$，且 $np \geq 5$（或 $p > q$，且 $nq \geq 5$）；或者 n 足够大，二项分布渐近标准正态分布，则此时 $\mu = np$，$\sigma = \sqrt{npq}$，其中，n 为独立试验的次数，p 为成功事件的概率。

4. 二项分布的应用

（1）二项分布主要用于解决含有机遇性质的问题。

（2）所谓机遇问题，指的是在实验中，实验结果可能是由猜测造成的。

典例3　（单选）有10道正误判断题，答题者答对（　　）道才认为其真正掌握了知识点。

A. 5 　　　B. 6 　　　C. 7 　　　D. 8

比如，掷硬币、掷骰子都是典型的二次试验。

> **本节小结**
>
> 本节主要介绍了常见分布，包括正态分布和二项分布。正态分布是对称分布，正态分布曲线下的面积可视作概率，并与标准差存在一定的数量关系；所有正态分布都可以经由Z分数转换成标准正态分布，标准正态分布的均值为0，标准差为1。二项分布指试验仅有两种不同性质结果的概率分布，主要用于解决含有机遇性质的问题。本节中的正态分布是重点内容，考生要熟练掌握并灵活运用。对于二项分布，考生要了解其特点，掌握二项分布应用的计算方法。

第三节 抽样分布

知识点 1 抽样分布的含义 ★

总体分布、样本分布和抽样分布的含义如下。

（1）一个总体中所有原始分数的分布叫做总体分布。

（2）从总体中抽取一个样本，这个样本的数据服从的分布称为样本分布。

（3）从总体中抽取容量为n的若干个样本，对每一个样本都可以计算其统计量，而由k个统计量构成的分布即为抽样分布，也称统计量分布或随机变量函数分布。例如，由$\bar{X}_1$，$\bar{X}_2$，…，$\bar{X}_K$构成的分布称为样本平均数（$\bar{X}$）的抽样分布，由s_1，s_2，…，s_K构成的分布称为样本标准差（s）的抽样分布。 >> TIPS ①

知识点 2 卡方分布 ★

1. 卡方分布的定义

设随机变量X_1，X_2，…，X_n独立且均服从标准正态分布$N(0, 1)$，则它们的平方和$X=X_1^2+X_2^2+\cdots+X_n^2$就被定义为自由度为n的$\chi^2$分布，记为$X \sim \chi^2(n)$。 >> TIPS ②

$$\chi^2 = \frac{\sum(X-\mu)^2}{\sigma^2}$$

如果正态总体的平均数未知，若用样本平均数$\bar{X}$作为μ的估计值，则$\chi^2 = \frac{\sum(X_i-\bar{X})^2}{\sigma^2} = \frac{(n-1)s^2}{\sigma^2}$，此时$\chi^2$分布的自由度为$df = n-1$。
>> TIPS ③

2. 卡方分布的特点

（1）χ^2分布是一族分布，其形态随变量的自由度（df）/样本容量（n）的大小而不同，自由度越小，分布越偏斜；自由度越大，分布越低阔。如图6-5所示。

TIPS ①

例如，想要知道某一年级学生语文成绩的分布（这是总体分布），会发现人数太多了，如果只从中抽取30名学生，由他们的语文成绩构成的分布就是样本分布；但是又觉得只抽取这30名学生的语文成绩不具有代表性，于是把这30名学生的语文成绩算一个平均数，放回去，再重新抽取30名学生，计算平均数后放回去，如此反复操作，直到把所有可抽取的样本全部抽取出来，算出平均数，那么这些平均数所构成的分布就是抽样分布。总体分布和样本分布是原始分数的集合；抽样分布是统计量的集合，是所有可抽取的样本统计量的分布。这些抽样分布都是根据一定的数学理论推导出来的，所以又称为理论抽样分布。我们一般是通过一个样本进行分析，只有知道了样本统计量的分布规律，才能依据样本对总体进行推论，才能最终确定推论正确或错误的概率是多少。

TIPS ②

从一个正态分布的总体中，每次随机抽取n个随机变量X_1，X_2，…，X_n，分别将其转化为Z分数并取平方，即$Z^2 = \frac{(X-\mu)^2}{\sigma^2}$，可得到$Z_1^2$，$Z_2^2$，…，$Z_n^2$，求和得到$\sum Z^2$，无限多个$\sum Z^2$的分布即为$\chi^2$分布。简单来说，标准正态分布取平方以后的和是卡方分布。

TIPS ③

由于$s^2 = \frac{SS}{n-1} = \frac{\sum(X-\bar{X})^2}{n-1}$，因此$\sum(X-\bar{X})^2 = (n-1)S^2$。

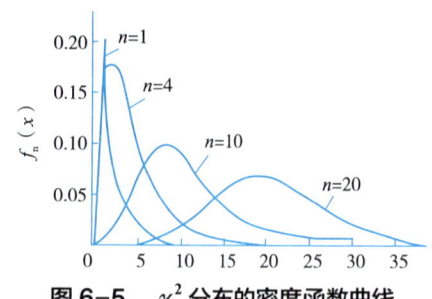

图 6-5　χ^2 分布的密度函数曲线

（2）χ^2 分布是一个正偏态分布。当 df 很大时，接近正态分布；当 $df \to \infty$ 时，χ^2 分布即标准正态分布。

（3）χ^2 值皆为正值。

（4）χ^2 分布具有可加性。　　　　　　　>> TIPS ④

（5）χ^2 分布的自由度 $df > 2$ 时，χ^2 分布的平均数 $\mu_{\chi^2} = df$，方差 $\sigma^2_{\chi^2} = 2df$。

（6）χ^2 分布是连续型分布，但有些离散型分布也近似 χ^2 分布。

知识点 3　t 分布 ★★★

1. t 分布的定义

t 分布是左右对称、峰态较高狭的一族分布，由高赛特最先提出，有时也称学生氏分布。

t 分布的定义是在卡方分布的基础上得到的；设随机变量 X_1，X_2 相互独立且 $X_1 \sim N(0,1)$，$X_2 \sim \chi^2(n)$，则 $X = \dfrac{X_1}{\sqrt{X_2/n}}$ 就定义为自由度为 n 的 t 分布，记为 $X \sim t(n)$。　　　　　　　>> TIPS ⑤

基本公式为：

$$t = \frac{\overline{X} - \mu_{\overline{X}}}{\sigma_{\overline{X}}} = \frac{\overline{X} - \mu}{\sigma/\sqrt{n}} = \frac{\overline{X} - \mu}{s_{n-1}/\sqrt{n}} = \frac{\overline{X} - \mu}{s/\sqrt{n-1}} \quad (df = n-1)$$

式中，$\mu_{\overline{X}} = \mu$；$\sigma_{\overline{X}} = \dfrac{\sigma}{\sqrt{n}} = \dfrac{s_{n-1}}{\sqrt{n}} = \dfrac{s}{\sqrt{n-1}}$。　>> TIPS ⑥

2. t 分布的特点　　　　　　　　　　　　>> TIPS ⑦

（1）以均值 0 左右对称，左侧 t<0，右侧 t>0。

（2）变量的取值范围为 $(-\infty, +\infty)$。

（3）一族分布，其形态随变量的自由度（df）的大小而不同，自由度越小，分布越低阔，如图 6-6 所示。

（4）当自由度 df 趋于无穷时，t 分布渐近标准正态分布。

TIPS ④

卡方分布具有可加性，即 $\chi^2(n) + \chi^2(m) = \chi^2(n+m)$，也就是说，两个卡方分布相加减仍然是卡方分布，并且它的自由度就是原来两个自由度相加，即在原来的 n 个服从标准正态分布的随机变量平方和上又增加了 m 个。

TIPS ⑤

一个标准正态分布和一个卡方分布，按照 $\dfrac{X_1}{\sqrt{X_2/n}}$ 构成 t 分布，这个 t 分布的自由度就等于卡方分布的自由度。

TIPS ⑥

数理统计证明，s_n 和 s_{n-1} 都是 σ 的有偏估计量，但由于样本方差 s^2_{n-1} 是 σ^2 的无偏估计量，因此定义 s_{n-1} 为样本标准差，并且可以证明 s_{n-1} 近似服从正态分布。

$$s_{n-1} = \sqrt{\frac{\sum(X-\overline{X})^2}{n-1}}$$

$$\sigma_{\overline{X}} = \frac{s_{n-1}}{\sqrt{n}} = \frac{\sqrt{\dfrac{\sum(X-\overline{X})^2}{n-1}}}{\sqrt{n}}$$

$$= \frac{\sqrt{\dfrac{\sum(X-\overline{X})^2}{n}}}{\sqrt{n-1}} = \frac{s}{\sqrt{n-1}}$$

t 分布就是在总体方差未知时对 Z 分布的一种替代，因为总体方差未知，用样本的标准差替代估计值 σ 所求得的结果形成新的随机变量，该随机变量服从 t 分布。

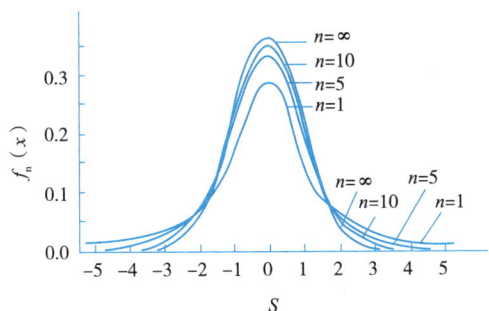

图 6-6 t 分布的密度函数曲线

知识点 4　　F 分布 ★★

1. F 分布的定义

设随机变量 X_1，X_2 相互独立且 $X_1 \sim \chi^2(n)$，$X_2 \sim \chi^2(m)$，则 $X = \dfrac{X_1/n}{X_2/m}$ 就定义为自由度为 n 与 m 的 F 分布，记为 $X \sim F(n,m)$。其中 n 称为分子自由度，m 称为分母自由度。　　TIPS ⑧

$$F = \dfrac{\chi_1^2 / df_1}{\chi_2^2 / df_2}$$

以 μ 计算 χ^2 值时，$df_1 = n_1$，$df_2 = n_2$；

以 $\bar{X}$ 作为 μ 的估计值计算 χ^2 值时，$df_1 = n_1 - 1$，$df_2 = n_2 - 1$。

因为 $\chi^2 = \dfrac{\sum(X_i - \bar{X})^2}{\sigma^2} = \dfrac{(n-1)s^2}{\sigma^2}$，代入上面公式中，可得：

$$F = \dfrac{\dfrac{(n_1-1)s_1^2}{\sigma_1^2}/(n_1-1)}{\dfrac{(n_2-1)s_2^2}{\sigma_1^2}/(n_2-1)} = \dfrac{s_1^2/\sigma_1^2}{s_2^2/\sigma_2^2}$$

当 $\sigma_1^2 = \sigma_2^2$ 时，$F = \dfrac{s_1^2}{s_2^2}$。

2. F 分布的特点　　TIPS ⑨

（1）F 分布是形状呈正偏态的一族分布，如图 6-7 所示。

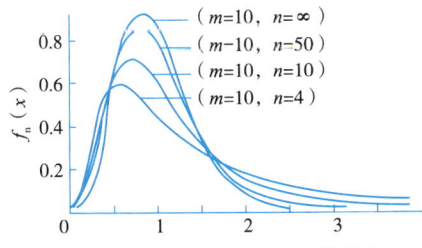

图 6-7 F 分布的密度函数曲线

（2）F 值总为正值。

（3）F 分布随分子、分母的自由度的增加而逐渐趋近于标准正

（1）t 分布与标准正态分布有很多相似之处。

① t 分布和标准正态分布基线上的取值都是 $(-\infty, +\infty)$。

② 以平均数 0 为中心，左侧值为负，右侧值为正。

③ 曲线以平均数处为最高点向两侧逐渐下降，尾部无限延伸，永不与基线相接，呈单峰对称形。

（2）两者的区别之处在于：t 分布的形态随自由度 n 的变化呈一族分布，不同自由度的 t 分布的形态不同。当 $n < 30$ 时，t 分布的分散程度比标准正态分布大，密度函数曲线比较平缓，随着自由度的逐渐增大，t 分布逐渐接近标准正态分布；当 $n \geq 30$ 时，t 分布的密度函数曲线与标准正态分布的密度函数曲线几乎重合，故标准正态分布是 t 分布的极限形式。

TIPS ⑧

从两个正态总体中抽取两个样本，先分别算出其卡方值和自由度之比，再把这两个卡方值和自由度之比分别算作分子和分母构成 F 比率，构成新的随机变量，这一随机变量服从 F 分布。

通过比较三种抽样分布可发现，三种抽样分布的前提都是抽样总体服从正态分布，且只要样本量足够大，三种抽样分布都能趋近于标准正态分布。所以说，正态分布是最常见的分布。

态分布。

（4）当分子自由度为1，分母自由度为任意值时，F值与分母自由度相同概率的t值（双侧概率）的平方相等，即$F(1, n) = t^2(n)$。

（5）F分位点的性质：$F_{1-\frac{\alpha}{2}}(n_1-1, n_2-2) = \dfrac{1}{F_{\frac{\alpha}{2}(n_2-1, n_1-1)}}$。

典例4　（单选）下列统计分布中，不受样本容量变化影响的是（　　）。

A. 正态分布　　B. t分布　　C. 卡方分布　　D. 二项分布

知识点 5　样本均值、方差和标准差的抽样分布 ★★★

1. 样本均值分布

（1）含义

按照相同的抽样方式反复地抽取容量为n的样本，每次可以计算一个平均数，<u>所有可能样本的平均数所形成的分布</u>，就是样本均值分布。

（2）特点

① 当总体呈正态分布时，样本平均数的抽样分布为<u>正态分布</u>。

② 当总体呈非正态分布，但是<u>样本足够大</u>（$n>30$）时，样本平均数的抽样分布为<u>渐近正态分布</u>，即：若$X \sim N(\mu, \sigma^2)$，则$\bar{X} \sim N(\mu, \dfrac{\sigma^2}{n})$。

≫ TIPS ⑩

此时，样本均值分布的均值和标准差计算如下：

$$\mu_{\bar{X}} = \mu$$

$$\sigma^2_{\bar{X}} = \dfrac{\sigma^2}{n}$$

$$\sigma_{\bar{X}} = SE = \dfrac{\sigma}{\sqrt{n}}$$

式中，$\mu_{\bar{X}}$为样本平均数的平均数；$\sigma^2_{\bar{X}}$为样本平均数的方差；$\sigma_{\bar{X}}$为样本平均数的标准差，又称<u>标准误</u>，有时也用SE表示，它估计了随机性所造成的样本平均数与总体平均数之间的标准差量。

③ 若将这一样本分布中的每一个样本平均数转换为标准分数，则<u>样本平均数的抽样分布可以转换为标准正态分布</u>（即若$\bar{X} \sim N(\mu, \dfrac{\sigma^2}{n})$，则$\dfrac{\bar{X}-\mu}{\sigma/\sqrt{n}} \sim N(0,1)$）。

（3）标准误

<u>标准误是指样本均值的标准差</u>，符号通常为SE。平均数分布的标准误可记作$\sigma_{\bar{X}}$。

若$X \sim N(\mu, \sigma^2)$，则$\bar{X} = \dfrac{\sum_{i=1}^{n} X_i}{n}$，那么$\bar{X} \sim N\left(\dfrac{n\mu}{n}, \dfrac{n\sigma^2}{n^2}\right)$，即$\bar{X} \sim N(\mu, \dfrac{\sigma^2}{n})$。

① σ是指一个标准差或标准距离，而其下标$\bar{X}$是指所测量的是样本均值分布的标准差也叫标准误。因此，标准误测量了$\bar{X}$与μ之间平均起来能预期到的误差，反映了一个样本均值能准确代表其总体均值的程度。由标准误的计算公式可以看到，总体标准差越小，样本容量越大，样本均值的标准误就越小，也就是说，样本均值的标准误受样本容量和总体标准差的影响。

② 注意区分标准差和标准误：标准差是总体中的概念，指的是总体中一个分数与总体均值的标准距离，即$X-\mu$；而标准误是样本均值分布中的概念，是指一个样本均值和其相应的总体均值之间的标准距离，即$\bar{X}-\mu_{\bar{X}}$。

标准误描述了抽样分布的离散程度，是衡量样本均值抽样误差大小的指标，反映了样本均值之间的变异。标准误越小，表明样本均值与总体均值越接近，样本对总体越有代表性，用样本均值推断总体均值的可靠性越大。

>> TIPS ⑪

（4）样本均值分布定理。

>> TIPS ⑫

①中心极限定理：从任一平均数为μ、标准差为σ的总体中抽取样本容量为n的样本，随着$n\to\infty$，样本均值的分布会趋近平均数为μ、标准差为$\frac{\sigma}{\sqrt{n}}$的正态分布。因此，当n足够大时，近似地有$\bar{X}\sim N(\mu,\frac{\sigma}{\sqrt{n}})$。

②大数定理：样本容量n越大，$\bar{X}$与μ接近的可能性越大，标准误越小，样本越能代表总体。

2. 样本方差及标准差分布

（1）含义：按照相同的抽样方式反复地抽取容量为n的样本，每次可以计算一个方差/标准差，所有可能样本的方差/标准差所形成的分布，就是样本方差/标准差分布。

（2）特点：当总体呈正态分布，样本容量足够大（$n>30$）时，样本方差及标准差的抽样分布均为渐近正态分布。

这时样本方差/标准差分布的均值和标准差计算如下：

$$\bar{X}_{s^2}=\sigma^2,\ \bar{X}_s=\sigma,\ \sigma_s=\frac{\sigma}{\sqrt{2n}},\ \sigma_s^2=\frac{\sigma^2}{2n}$$

其中，$\bar{X}_{s^2}$为样本方差的平均数；$\bar{X}_s$为样本标准差的平均数；σ_s为样本标准差的标准差；σ_s^2为样本标准差的方差。

典例 5（单选）从均值为 20，标准差为 10 的总体中抽取一个容量为 100 的随机样本，则样本均值的抽样分布为（　　）。

A. $\bar{X}\sim N(20,\ 2^2)$　　　B. $\bar{X}\sim N(10,\ 2^2)$

C. $\bar{X}\sim N(20,\ 1^2)$　　　D. $\bar{X}\sim N(10,\ 1^2)$

知识点 6 三大抽样分布的重要性质总结 ★★

若$X_1,X_2,\cdots,X_n$是来自正态总体$N(\mu,\sigma^2)$的样本，其样本均值和样本方差分别为$\bar{X}=\frac{\sum_{i=1}^{n}x_i}{n}$和$s^2=\frac{\sum_{i=1}^{n}(x_i-\bar{X})^2}{n-1}$，则有以下性质：

>> TIPS ⑬

（1）$\bar{X}\sim N\left(\mu,\frac{\sigma^2}{n}\right)$，$Z=\frac{(\bar{X}-\mu)}{\sigma/\sqrt{n}}\sim N(0,1)$。

（2）$\frac{(n-1)s^2}{\sigma^2}\sim\chi^2(n-1)$。

TIPS ⑫

①中心极限定理说明了无论总体分布是否服从正态分布，只要样本容量足够大，它的样本均值分布都趋近于正态分布，且样本均值等于总体均值，样本均值的标准差等于总体标准差除以样本容量的算术平方根。因此，中心极限定理不仅给出了样本均值分布的正态性依据，使得大多数数据分布都能运用正态分布的理论进行分析，而且给出了推论统计中两个重要参数（样本均值与样本标准差）的计算方法。

②大数定理主要说明了频率与概率的关系，当试验次数逐渐增大时，频率会逐渐稳定在概率上下。

TIPS ⑬

（1）这些性质都可以根据三大抽样分布进行简单的证明，这对于后两章参数估计和假设检验有着极为重要的意义，它们说明了不同统计量选取不同分布进行区间估计和假设检验的原因。例如，在样本均值的估计和检验中，通过性质（1）和性质（3）可以发现使用总体方差和样本方差的结果是不同的，这就导致由于总体方差未知而不得不使用样本方差时必须采用t分布的相关性质进行运算。但要注意的是，总体正态分布的样本均值永远服从标准正态分布；服从t分布的统计量也是根据这一点推导得来的。

（2）后续的区间估计和假设检验都是在想方设法地构造某个随机变量，只有当这个随机变量服从于某个分布时，才能把这个随机变量看作在某个分布中随机地移动，就可以根据该分布进行区间估计和假设检验。

（3）$\dfrac{(\bar{X}-\mu)}{s/\sqrt{n}} \sim t(n-1)$。

（4）$\dfrac{s_1^2/\sigma_1^2}{s_2^2/\sigma_2^2} \sim F(n_1-1, n_2-1)$。

本节小结

从样本中得到的统计量的分布是抽样分布，本节首先介绍了三大抽样分布，包括卡方分布、t分布和F分布，三种抽样分布的形状都是随自由度变化而变化的一族分布；其次介绍了样本均值分布，样本来自的总体是正态的或者样本量相对较大（$n=30$或更大），样本均值分布将是正态分布，样本均值分布的标准差又称标准误，标准误测量了样本均值和总体均值之间的标准距离；最后介绍了样本方差和标准差分布的相关特点。

第四节 抽样原理与抽样方法

知识点 1 抽样的优点和作用 ★

1. 抽样调查研究与全面调查研究相比，其特点和作用主要表现在以下几个方面：

（1）节省人力及费用。

（2）节省时间，提高调查研究的时效性。

（3）保证研究结果的准确性。

知识点 2 抽样的基本原则 ★

1. 基本原则

（1）<u>随机化</u>是抽样研究的基本原则。

（2）所谓<u>随机化原则</u>，是指在进行抽样时，总体中每一个体是否被抽取，并不由研究者主观决定，而是每一个个体按照概率原理决定<u>被抽取的概率相等</u>。

2. 随机抽样的作用

（1）所抽取出来的样本能够很好地<u>反映总体的特征</u>；

（2）随机抽样可以对误差进行预测和控制。

抽样误差的预测需要对研究结果的精确度进行客观评价，同时根据精确度确定样本大小。例如，使用样本平均数估计总体时，从总体中随机抽取一个样本，即使没有系统误差和过失误差，样本的平均数$\bar{X}$也不一定等于总体平均数μ，此时$(\bar{X}-\mu)$就叫作<u>抽样误差</u>。

对于任意样本平均数$\overline{X_i}$都有95%的可能性在临界值范围之内，

在一个平均数为80的总体中抽取三个样本，三个样本的平均数可能为78，84和81，它们并不正好等于总体平均数，这种差距即为抽样误差。

因此抽样误差 $(\overline{X}-\mu)$ 要小于这个范围的一半（以 d 表示），<u>d 就是最大可接受随机误差</u>。如果 $(\overline{X}-\mu)>d$，就认为 $\overline{X_i}$ 落到临界值范围外，统计上就判定 $\overline{X_i}$ 不是来自此总体的样本。

d 值可以由 $Z_{0.05/2}SE$ 算出。<u>d 值越大</u>，总体平均数 μ 周围的样本平均数的离散程度就越大，其对总体平均数估计的精确度就越小；反之，<u>d 值越小</u>，对总体平均数估计的精确度就越大，由于 $SE=\dfrac{\sigma}{\sqrt{n}}$，所以也可以通过样本的容量来控制 d 值或通过 d 值来推测样本容量的大小。

>> TIPS ②

知识点 3　抽样方法 ★★

1. 简单随机抽样

（1）具体操作

①<u>抽签法</u>：把总体中的每一个体都编上号码并做成签，充分混合后从中随机抽取一部分，这部分签所对应的个体就组成一个样本。

②<u>随机数字法</u>：随机数字表是由一些任意的数字毫无规律地排列而成的数字表。使用随机数字表进行抽样时，先给总体编号，然后从表中任意一个数字开始依次往下数，并把最后几位数字小于总体编号数字的选出，按研究要求组成一个样本。

（2）评价

①优点：适用范围广，<u>最能体现随机化原则</u>，原理简单。

②缺点：当总体或样本容量较大时费时费力；会忽略总体已有的信息，降低样本的代表性。

2. 等距抽样（又称系统抽样、机械抽样）

（1）具体操作

将已经编号号码的个体排成顺序，然后<u>每隔若干个抽取一个</u>。

（2）评价

①优点：比简单随机抽样更简便易行；样本代表性比简单随机抽样好。

②缺点：当总体<u>具有某种周期性变化时不适用</u>；也容易忽略总体已有的信息。

3. 分层随机抽样

（1）具体操作

按照总体的某些特征，将总体分成几个不同的部分（每一部分叫一个层），再分别从每一部分中随机抽样。

（2）分层原则：<u>层内同质，层间异质</u>。

>> TIPS ③

TIPS ②

①精确度（accuracy）：又称准确度，指用所建立方法测定的结果与真实值接近的程度；指的是精确性。

②精密度（precision）：指在规定的测定条件下，同一份均匀供试品经多次取样测定所得结果之间的接近程度；类似测量中的信度，指的是可靠性；

③精确性越小，说明可靠性越高；精确性越大，说明可靠性越低。也就是说，当置信区间增大时，区间长度比较长，那么它出现误差的可能性就比较小，所以它相对可靠，但是它的准确度会降低。

TIPS ③

"层间异质，层内同质"是指对于某一特质，如智力水平，处在不同层的个体，智力水平有较大差异；而处在相同层的个体，智力水平大体相同。

（3）各层人数分配方法

①按各层人数比例分配：人数多的层多分配，人数少的层少分配。

②最佳分配：标准差大的层多分配，标准差少的人少分配。

（4）优点：充分利用总体已知的信息，样本的代表性及推论的精确性一般优于简单随机抽样。

4.两阶段随机抽样

（1）具体操作

首先将总体分成 M 个部分，每一部分叫作一个"集团"（或"群"），第一步从 M 个"集团"中随机抽取 m 个作为第一阶段的样本，第二步是分别从所选取的 m 个集团中抽取个体构成第二阶段的样本，第一阶段的样本是第二阶段的总体。

（2）评价

①优点：简便易行，节省经费，适合大规模调查研究。

②缺点：抽样误差相比于简单随机抽样要大一些。

5.非概率抽样

（1）含义：非概率抽样指不按照完全随机原则选取样本的方法，有方便抽样、判断抽样等。

（2）分类

①<u>方便抽样</u>是由调查人员自由、方便地选择被调查者的抽样法；

②<u>判断抽样</u>是通过某些条件过滤，然后选择某些被调查者参与调查的抽样法。

（3）使用非概率抽样时，研究者要说明使用这种方法对研究结果可能造成的影响。

典例6（单选）当总体中的个体分布具有周期性规律时，不适用的抽样方法是（　　）。

A.简单随机抽样　　　B.分层抽样

C.等距抽样　　　　　D.方便抽样

> **TIPS 4**
>
> 两阶段抽样和分层随机抽样的根本区别在于第一步的抽样。在分层随机抽样中，每一个部分总体均需要从中抽取个体，没有第一阶段的样本；但是在两阶段抽样中，第一步是对若干个"集团"的随机抽样。

> **本节小结**
>
> 本节首先介绍了抽样的特点和作用，然后介绍了抽样的基本原则，最后介绍了抽样方法。抽样方法分为概率抽样和非概率抽样：概率抽样包括简单随机抽样、等距抽样、分层随机抽样和两阶段随机抽样；非概率抽样包括方便抽样和判断抽样。本节要重点掌握抽样的两个原则：代表性原则和随机化原则；对不同的抽样方法要加以区分和灵活运用。

名词总结

概率	加法定理	乘法定理	正态分布
标准正态分布	二项分布	二项试验	总体分布
样本分布	抽样分布	卡方分布	t 分布
F 分布	自由度	中心极限定理	大数定理
随机化原则	代表性原则	简单随机抽样	等距抽样法
分层随机取样法	两阶段随机抽样		

第七章 参数估计

推论统计就是指由样本资料去推测相应总体情况的理论与方法,也就是由部分推全体,由已知推未知的过程。推论统计根据推测的性质不同分为参数估计和假设检验两部分。本章介绍推论统计的第一大部分内容——参数估计。本章先介绍了参数估计的两种方法,即点估计和区间估计;然后介绍了基于各种抽样分布的区间估计,包括总体平均数的区间估计、平均数差值的区间估计、总体标准差与方差的区间估计。

在心理学考研中,本章内容多以选择题、简答题或计算题等形式进行考查,因此考生要全面掌握。考生要理解并掌握良好估计量的标准;深刻理解区间估计的原理,区分置信区间、显著性水平等概念的含义;对于各种抽样分布的区间估计,要在理解的基础上,掌握各种抽样分布的置信区间的计算方法,尤其是总体平均数和平均数差值的区间估计。

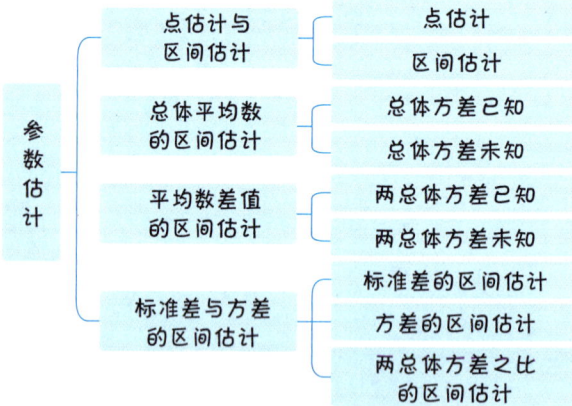

第一节 点估计与区间估计

参数估计是用样本统计量去**估计相应总体的参数**,包括点估计和区间估计。

知识点 1 点估计 ★★

1. 点估计的定义

点估计是用单一的数值对总体的未知参数进行估计，即用样本统计量估计总体参数，因为样本统计量为数轴上某一点的值，估计结果也以一个点的数值来表示，所以称为点估计。　　>> TIPS ①

2. 点估计的优缺点

点估计的优点在于能够提供总体参数的估计值，缺点在于总是以误差的存在为前提。

3. 良好估计量的标准

（1）无偏性。　　>> TIPS ②

用统计量估计总体参数必然会存在一定的误差，因此，良好的估计量应该是一个无偏估计量，即用多个样本的统计量作为总体参数的估计值，其偏差的平均数为0。

（2）有效性。　　>> TIPS ③

当总体参数的无偏估计量不止一个时，无偏估计变异小者有效性高，变异大者有效性低，即方差越小越好。

（3）一致性。

当样本容量无限增大时，估计值应该能够越来越接近它所估计的总体参数（与大数定理一致）。例如，当样本无穷大时，样本平均数趋近于总体平均数。

（4）充分性。

充分性指容量为n的样本统计量是否充分反映了全部n个数据所反映的总体信息。例如，样本平均数能够反映总体信息，故充分性高。　　>> TIPS ④

知识点 2 区间估计 ★★★

1. 区间估计的含义　　>> TIPS ⑤

（1）区间估计就是根据估计量以一定可靠程度（概率水平）来推断总体参数所在的区间范围，即用数轴上的一段距离来表示可能覆盖未知参数的范围。

（2）区间估计虽然不能给出精确的估计值，但能指出这一区间有多大的概率可以覆盖未知参数，即说明估计结果有把握的程度。

2. 区间估计的原理

（1）在区间估计中，无法用样本统计量直接推断总体参数，必须通过抽样分布进行推断；抽样分布可提供概率解释，而标准误（SE）的大小可决定区间估计的长度。

（2）以平均数的区间估计为例，当总体呈正态分布或样本容量

TIPS ①

例如，我们用样本均值估计总体均值，用样本方差估计总体方差，都属于点估计。

TIPS ②

样本均值$\overline{X}$是μ的无偏估计量，因为无限多个样本的平均数$\overline{X}$与总体平均数μ的偏差之和为0。

TIPS ③

用样本统计量估计总体参数时，可能存在一个总体的参数对应多个无偏估计量的情况。例如，对总体均值进行估计时，样本均值、中数、众数都是无偏估计量（即偏差的平均数为0），而只有样本均值的方差（变异）最小，因此样本均值作为总体均值的估计值是最为有效的。

TIPS ④

综合这四个评价标准，通常使用$\overline{X}$作为总体参数μ的良好估计量，使用s_{n-1}^2作为总体参数σ^2的良好估计量。

TIPS ⑤

进行区间估计时，采用不同的样本统计量来估计总体参数，所得区间的结果是不同的，即区间是随机的。例如，用A样本的均值和B样本的均值估计总体均值，所得区间的结果是不同的。但实际上，总体的参数是恒定的，因此只能说这段区间有多大的概率能够覆盖未知参数。

大于30，且总体方差已知时，样本平均数的抽样分布为正态分布，此时，样本平均数的平均数 $\mu_{\bar{X}} = \mu$，样本平均数的标准差（标准误）$\sigma_{\bar{X}} = \dfrac{\sigma}{\sqrt{n}}$。根据正态分布中标准差和概率的数量关系可知，在样本平均数的抽样分布中，$\bar{X}$ 有 95% 的可能性落在平均数抽样分布的 $\mu_{\bar{X}} \pm 1.96\sigma_{\bar{X}}$ 之内（或 Z 值有 95% 的可能性落在 ±1.96 之间），即 $\mu_{\bar{X}} - 1.96\sigma_{\bar{X}} < \bar{X} < \mu_{\bar{X}} + 1.96\sigma_{\bar{X}}$（或 $-1.96 < Z = \dfrac{\bar{X} - \mu_{\bar{X}}}{\sigma_{\bar{X}}} < +1.96$）。

解不等式，得

$$\bar{X} - 1.96\sigma_{\bar{X}} < \mu < \bar{X} + 1.96\sigma_{\bar{X}}$$

因此，$(\bar{X} - 1.96\sigma_{\bar{X}}, \bar{X} + 1.96\sigma_{\bar{X}})$ 这一区间有 95% 的可能性覆盖总体平均数，有 5% 的可能性没有覆盖总体平均数。

3. 显著性水平、置信水平、置信区间

（1）**显著性水平**是指用某一区间估计总体参数，**可能犯错误的概率**，**用符号 α 表示**，又称意义阶段、信任系数。　　>> TIPS ⑥

这里的 α 就是第三章所描述的上分位点。

（2）**置信水平**又称置信度，即**估计的正确率**，用 1−α 表示。

（3）**置信区间**又称置信间距（confidence interval, CI），是指在某一置信水平，总体参数所在的**区域距离**或**区域长度**。置信区间的上下端点值被称为**置信界限**。置信区间越小，估计越精确。

影响置信区间的因素包括：

A. **样本容量**。样本容量 n 越大，标准误越小，置信区间越窄。从本质上说，样本量越大，获得的信息就越多，估计就越准确。

B. **置信水平**。置信水平 1−α 越高，置信区间越宽。　　>> TIPS ⑦

C. **标准误**。标准误越大，即数据变异性越大，对于相同的置信度，所需置信区间越宽。

我们对于估计越是有把握，估计就越不精确；相反，我们估计得越精确，把握越小。

典例 1（单选）当样本容量一定时，置信区间的宽度（　　）。

A. 随着显著性水平 α 的增大而增大

B. 随着显著性水平 α 的增大而减小

C. 与显著性水平 α 的大小无关

D. 与显著性水平 α 的平方根成正比

4. 区间估计的步骤

（1）列出已知条件。

（2）通过三大抽样分布的定义和性质**构建服从某一分布的随机变量**。

（3）根据置信水平，写出随机变量的取值范围。

（4）解不等式得出目标参数置信区间。

（5）根据显著性水平查表获得临界值，代入计算求得具体区间范围。

> **本节小结**
>
> 参数估计包括点估计与区间估计。点估计是用一个点的数值来对未知参数进行估计。在使用点估计时，要考虑一个估计量是否符合无偏性、有效性、一致性、充分性这四个良好估计量的标准。区间估计可以提供参数估计值的一个范围，其原理是基于样本统计量的分布规律，抽样分布提供了概率解释的依据，不同的样本统计量有不同的分布，标准误的大小决定了区间估计的长度；区间估计在计算时有五个步骤。考生要深刻理解区间估计的原理，区分显著性水平、置信水平和置信区间等相关概念。

第二节　总体平均数的区间估计

知识点 1　总体方差已知 ★★★

1. 总体分布正态／总体非正态，且样本量 $n > 30$

（1）已知总体 $X \sim N(\mu, \sigma^2)$，则样本均值分布为 $\bar{X} \sim N\left(\mu, \dfrac{\sigma^2}{n}\right)$。

（2）构造随机变量服从 Z 分布（标准正态分布）：

$$Z = \frac{\bar{X} - \mu}{\sigma/\sqrt{n}} \sim N(0,1)$$

（3）置信水平为 $1-\alpha$，随机变量的取值范围如下：（如图 7-1 所示）

$$P\left(\left|\frac{\bar{X}-\mu}{\sigma/\sqrt{n}}\right| < Z_{\alpha/2}\right) = 1-\alpha$$

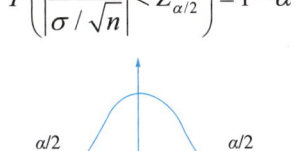

图 7-1　置信区间

（4）解不等式，结果如下：

$$\bar{X} - Z_{\alpha/2}\frac{\sigma}{\sqrt{n}} < \mu < \bar{X} + Z_{\alpha/2}\frac{\sigma}{\sqrt{n}}$$

（5）查表代入 $Z_{\alpha/2}$ 的值，得具体估计区间。　　≫ TIPS ①

知识点 2　总体方差未知 ★

1. 总体分布正态／总体非正态，且样本容量 $n > 30$

　　　　　　　　　　　　　　　　　　　　≫ TIPS ②

（1）已知总体 $X \sim N(\mu, \sigma^2)$，则样本均值分布为 $\bar{X} \sim N\left(\mu, \dfrac{\sigma^2}{n}\right)$。

（2）由于总体方差未知，构造的随机变量则是：

TIPS ①

　　因为总体是呈正态分布，根据前面抽样分布的性质可得，样本均值分布也呈正态分布，又由于正态分布经过标准化以后可以转化为标准正态分布，因此构造的随机变量 $\dfrac{\bar{X}-\mu}{\sigma/\sqrt{n}}$ 的分布是一个标准正态分布（也就是说，我们要求的这个随机变量所构成的分布是一个标准正态分布，这样我们就可以利用标准正态分布的一些特性来进行计算）。设置的置信水平（我们认为估计正确的概率）是 $1-\alpha$，也就是说，图 7-1 的中间部分是 $1-\alpha$，根据正态分布的对称性，两边分别是 $\dfrac{\alpha}{2}$。一次抽样的结果不应该刚好落在极端位置，这样我们有 $1-\alpha$ 的把握认为这个随机变量的范围是在 $-Z_{\alpha/2}$ 和 $Z_{\alpha/2}$ 之间，即 $P\left(-Z_{\alpha/2} < \dfrac{\bar{X}-\mu}{\sigma/\sqrt{n}} < Z_{\alpha/2}\right) = 1-\alpha$。求出不等式，得 $\bar{X} - Z_{\alpha/2}\dfrac{\sigma}{\sqrt{n}} < \mu < \bar{X} + Z_{\alpha/2}\dfrac{\sigma}{\sqrt{n}}$，再通过查表，即可得具体估计区间。这里给出了区间估计的步骤，一开始大家可能会认为步骤稍显烦琐，但这样有利于大家理解参数估计的本质，对之后的假设检验也非常有帮助，可以加深大家对公式的理解，避免死记硬背。

TIPS ②

　　Z 分布即我们通常所说的均值为 0，标准差为 1 的标准正态分布，只有一条，t 分布是一族分布，形态随自由度 df 的变化而变化，因此需要通过样本所对应的自由度来确定唯一的一条 t 分布，进而根据显著性水平查得相应的临界 t 值。

式中：$S = \sqrt{\dfrac{\varepsilon(x-Z)^2}{n-1}}$。

$$\dfrac{\bar{X}-\mu}{s/\sqrt{n}} \sim t(n-1)$$

（3）置信水平为 $1-\alpha$，随机变量的取值范围如下：（如图 7-2 所示）

$$P\left(\left|\dfrac{\bar{X}-\mu}{s/\sqrt{n}}\right| < t_{\alpha/2}\right) = 1-\alpha$$

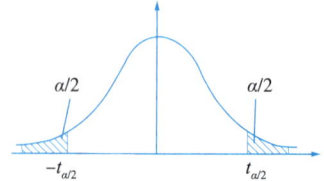

图 7-2　平均数的区间估计

（4）通过解不等式，最终得出的估计区间为：

$$\bar{X} - t_{\alpha/2} \cdot \dfrac{s}{\sqrt{n}} < \mu < \bar{X} + t_{\alpha/2} \cdot \dfrac{s}{\sqrt{n}}, \quad df = n-1$$

其中，$S = \sqrt{\dfrac{\varepsilon(x-Z)^2}{n-1}}$。

典例 2　（单选）一次测验的分数服从方差为 25 的正态分布，某学校共有 100 名学生参加测试，其均值为 70 分，若置信水平为 0.99，则总体平均值的置信区间为（　　）。

A. [69.50, 70.50]　　　　B. [68.71, 71.29]

C. [67.52, 72.48]　　　　D. [63.55, 76.45]

> **本节小结**
>
> 本节主要介绍了总体平均数的估计，总体平均数的估计是用样本平均数来估计总体平均数。总体平均数的区间估计要考虑总体方差已知，总体是否服从正态分布以及大样本还是小样本的情况。

第三节　平均数差值的区间估计★

知识点 1　两个总体方差已知

在两个总体方差 σ_1^2 和 σ_2^2 已知的条件下，当两个总体服从正态分布，或虽然是非正态总体，但抽自两个总体的两个样本均为大样本时，**样本平均数之差（$\bar{X}_1 - \bar{X}_2$）服从正态分布**。

1. 两个总体独立

（1）已知总体 $X \sim N(\mu, \sigma^2)$，样本均值分布为 $\bar{X}_1 \sim N\left(\mu_1, \dfrac{\sigma_1^2}{n_1}\right)$，$\bar{X}_2 \sim N\left(\mu_2, \dfrac{\sigma_2^2}{n_2}\right)$；两个样本均值之差为 $(\bar{X}_1 - \bar{X}_2) \sim N\left(\mu_1 - \mu_2, \dfrac{\sigma_1^2}{n_1} + \dfrac{\sigma_2^2}{n_2}\right)$。

>> TIPS ③

TIPS ③

根据方差的性质，$\sigma_{(X\pm Y)}^2 = \sigma_X^2 + \sigma_Y^2 \pm 2r \cdot \sigma_X \cdot \sigma_Y$，两个总体独立，因此，$\sigma_{(X\pm Y)}^2 = \sigma_X^2 + \sigma_Y^2$。

（2）构造随机变量服从 Z 分布（标准正态分布）：

$$Z = \frac{(\overline{X}_1 - \overline{X}_2) - (\mu_1 - \mu_2)}{\sqrt{\frac{\sigma_1^2}{n_1} + \frac{\sigma_2^2}{n_2}}} \sim N(0,1)$$

（3）置信水平为 1-α，随机变量的取值范围如下：

$$P\left(\left|\frac{(\overline{X}_1 - \overline{X}_2) - (\mu_1 - \mu_2)}{\sqrt{\frac{\sigma_1^2}{n_1} + \frac{\sigma_2^2}{n_2}}}\right| < Z_{\alpha/2}\right) = 1 - \alpha$$

（4）通过解上述不等式，得出在给定置信水平（1-α）的情况下，两个总体平均数之差的置信区间为：

$$(\overline{X}_1 - \overline{X}_2) \pm Z_{\alpha/2} \cdot \sqrt{\frac{\sigma_1^2}{n_1} + \frac{\sigma_2^2}{n_2}}$$

如果是非正态总体，且为小样本，则无解。

2. 两个总体相关

（1）已知总体 $X \sim N(\mu, \sigma^2)$，样本均值分布为 $\overline{X}_1 \sim N\left(\mu_1, \frac{\sigma_1^2}{n_1}\right)$，$\overline{X}_2 \sim N\left(\mu_2, \frac{\sigma_2^2}{n_2}\right)$；两个样本均值之差为 $(\overline{X}_1 - \overline{X}_2) \sim N\left(\mu_1 - \mu_2, \frac{\sigma_1^2}{n_1} + \frac{\sigma_2^2}{n_2} - 2r \cdot \frac{\sigma_1}{\sqrt{n_1}} \cdot \frac{\sigma_2}{\sqrt{n_2}}\right)$。

（2）构造随机变量：

$$Z = \frac{(\overline{X}_1 - \overline{X}_2) - (\mu_1 - \mu_2)}{\sqrt{\frac{\sigma_1^2}{n_1} + \frac{\sigma_2^2}{n_2} - 2r \cdot \frac{\sigma_1}{\sqrt{n_1}} \cdot \frac{\sigma_2}{\sqrt{n_2}}}} \sim N(0,1)$$

（3）置信水平为 1-α，随机变量的取值范围如下：

$$P\left(\left|\frac{(\overline{X}_1 - \overline{X}_2) - (\mu_1 - \mu_2)}{\sqrt{\frac{\sigma_1^2}{n_1} + \frac{\sigma_2^2}{n_2} - 2r \cdot \frac{\sigma_1}{\sqrt{n_1}} \cdot \frac{\sigma_2}{\sqrt{n_2}}}}\right| < Z_{\alpha/2}\right) = 1 - \alpha$$

（4）在给定置信水平（1-α）的情况下，两个总体平均数之差的置信区间为：

$$(\overline{X}_1 - \overline{X}_2) \pm Z_{\alpha/2} \cdot \sqrt{\frac{\sigma_1^2}{n_1} + \frac{\sigma_2^2}{n_2} - 2r \cdot \frac{\sigma_1}{\sqrt{n_1}} \cdot \frac{\sigma_2}{\sqrt{n_2}}}$$

知识点 2 两个总体方差未知

1. 两个总体独立

（1）两个总体方差齐性。

当 σ_1^2 和 σ_2^2 未知，但已知 $\sigma_1^2 = \sigma_2^2$（方差齐性），且两个总体服从正态分布，或虽然是非正态总体，但两个样本均为大样本。

①两总体为 $X_1 \sim N(\mu_1, \sigma^2)$，$X_2 \sim N(\mu_2, \sigma^2)$ 且独立，**两个总体方差齐性**，即 $\sigma_1^2 = \sigma_2^2 = \sigma^2$。

② $\bar{X}_1 \sim N\left(\mu_1, \dfrac{\sigma^2}{n_1}\right)$，$\bar{X}_2 \sim N\left(\mu_2, \dfrac{\sigma^2}{n_2}\right)$，$\bar{X}_1 - \bar{X}_2 \sim N\left(\mu_1 - \mu_2, \sigma^2\left(\dfrac{1}{n_1} + \dfrac{1}{n_2}\right)\right)$。

③构建随机变量：$\dfrac{(\bar{X}_1 - \bar{X}_2) - (\mu_1 - \mu_2)}{\sigma\sqrt{\dfrac{1}{n_1} + \dfrac{1}{n_2}}} \sim N(0,1)$。

④由于总体方差未知，要使用样本方差代替总体方差，根据第六章中的性质 $\dfrac{(n-1)s^2}{\sigma^2} \sim \chi^2(n-1)$ 有：$\dfrac{(n_1-1)s_1^2}{\sigma^2} \sim \chi^2(n_1-1)$，$\dfrac{(n_2-1)s_2^2}{\sigma^2} \sim \chi^2(n_2-1)$，那么根据卡方分布的可加性，有：$\dfrac{(n_1-1)s_1^2}{\sigma^2} + \dfrac{(n_2-1)s_2^2}{\sigma^2} \sim \chi^2(n_1+n_2-2)$。

⑤根据 t 分布的定义构造随机变量：

$$\dfrac{(\bar{X}_1 - \bar{X}_2) - (\mu_1 - \mu_2)}{S_{D\bar{X}}} \sim t(n_1 + n_2 - 2)$$

其中，$S_{D\bar{X}} = \sqrt{\dfrac{(n_1-1)s_1^2 + (n_2-1)s_2^2}{n_1 + n_2 - 2} \cdot \left(\dfrac{1}{n_1} + \dfrac{1}{n_2}\right)}$。 ▶▶ TIPS ④

⑥置信水平为 $1-\alpha$，随机变量的取值范围如下：（如图7-2所示）

$$P\left(\left|\dfrac{(\bar{X}_1 - \bar{X}_2) - (\mu_1 - \mu_2)}{\sqrt{\dfrac{(n_1-1)s_1^2 + (n_2-1)s_2^2}{n_1 + n_2 - 2} \cdot \left(\dfrac{1}{n_1} + \dfrac{1}{n_2}\right)}}\right| < t_{\alpha/2}\right) = 1 - \alpha$$

⑦通过解上述不等式，得出在给定置信水平（$1-\alpha$）的情况下，两个总体平均数之差的置信区间为：

$$(\bar{X}_1 - \bar{X}_2) \pm t_{\alpha/2} \cdot \sqrt{\dfrac{(n_1-1)s_1^2 + (n_2-1)s_2^2}{n_1 + n_2 - 2} \cdot \left(\dfrac{1}{n_1} + \dfrac{1}{n_2}\right)}$$

TIPS ④

当两个总体方差一致或相等时，$S_{D\bar{X}} = \sqrt{\dfrac{\sigma_1^2}{n_1} + \dfrac{\sigma_2^2}{n_2}} = \sqrt{\sigma^2\left(\dfrac{1}{n_1} + \dfrac{1}{n_2}\right)}$，此时 σ^2 最好的估计值为 $S_P^2 = \dfrac{(n_1-1)s_1^2 + (n_2-1)s_2^2}{(n_1-1) + (n_2-1)}$，这也被称为联合方差，因此，$S_P^2 = \dfrac{(n_1-1)s_1^2 + (n_2-1)s_2^2}{n_1 + n_2 - 2}$，将其代入平均数之差的标准误公式 $S_{D\bar{X}} = \sqrt{S_P^2\left(\dfrac{1}{n_1} + \dfrac{1}{n_2}\right)}$，即可推出上述公式。联合方差是不同组方差的加权平均，联合方差要求方差齐性。此时自由度为 $n_1 + n_2 - 2$，是因为构造中分母上的卡方分布是两个总体对应的卡方分布相加，所以两个卡方分布的自由度也相加，就出现了 $n_1 - 1 + n_2 - 1 = n_1 + n_2 - 2$。

2. 两个总体相关

两个总体方差齐性。

（1）相关系数未知

①求出每对数据之差的和方：

$$SS_d = \sum d^2 - \frac{(\sum d)^2}{n}$$

式中，$d = X_{1i} - X_{2i}$（每对数据之差）。

②求出每对数据的样本方差：

$$s_d^2 = \frac{SS_d}{n-1} = \frac{\sum d^2 - \frac{(\sum d)^2}{n}}{n-1}$$

③求出每对数据的样本标准误：

$$SE_{\bar{X}} = \sqrt{\frac{s_d^2}{n}} = \sqrt{\frac{\sum d^2 - \frac{(\sum d)^2}{n}}{n-1}} = \sqrt{\frac{\sum d^2 - \frac{(\sum d)^2}{n}}{n(n-1)}}$$

④根据 t 分布的定义构造随机变量：$\frac{(\bar{X}_1 - \bar{X}_2) - (\mu_1 - \mu_2)}{SE_{\bar{X}}} \sim t(n-1)$。

⑤置信水平为 $1-\alpha$，随机变量的取值范围如下：（如图 7-2 所示）

$$P\left(\left|\frac{(\bar{X}_1 - \bar{X}_2) - (\mu_1 - \mu_2)}{\sqrt{\frac{\sum d^2 - \frac{(\sum d)^2}{n}}{n(n-1)}}}\right| < t_{\alpha/2}\right) = 1 - \alpha$$

⑥通过解上述不等式，得出在给定置信水平（$1-\alpha$）的情况下，两个总体平均数之差的置信区间为：

$$(\bar{X}_1 - \bar{X}_2) \pm t_{\alpha/2} \cdot \sqrt{\frac{\sum d^2 - \frac{(\sum d)^2}{n}}{n(n-1)}}, \quad df = n-1$$

（2）相关系数已知

$$\sigma_{\bar{X}} = \sqrt{\frac{s_1^2 + s_2^2 - 2rs_1s_2}{n}}, \quad t = \frac{\bar{X}_1 - \bar{X}_2}{\sigma_{\bar{X}}}$$

式中，$df = n-1$，n 为数据的对数。

TIPS ⑤

这里跟单样本 t 检验的计算过程类似，只不过这里计算的是数据对差值的标准误（$d = X_{1i} - X_{2i}$）。

本节小结

本节主要介绍了平均数差值的区间估计,根据两个样本平均数之差估计两个总体的平均数之差,要考虑两个总体的方差是否已知,两个总体是否服从正态分布,在两个总体方差未知的条件下,要考虑方差是否齐性,是独立样本还是相关样本。

第四节 总体标准差与方差的区间估计★

知识点 1 标准差的区间估计

当总体分布正态且样本容量 $n > 30$ 时,样本标准差的抽样分布服从正态分布。

(1)计算过程与前文基本类似,这里样本标准差的分布渐近为正态分布,即:

$$s \to N\left(\sigma, \frac{\sigma^2}{2n}\right)$$

(2)构造的随机变量为:

$$\frac{s-\sigma}{\sigma/\sqrt{2n}} \sim N(0,1)$$

(3)因为 σ 是一个未知参数,用 s 代替 σ,则置信水平为 $1-\alpha$,随机变量的取值范围如下:(如图 7-1 所示)

$$P\left(\left|\frac{s-\sigma}{s/\sqrt{2n}}\right| < Z_{\alpha/2}\right) = 1-\alpha$$

(4)在给定置信水平($1-\alpha$)的情况下,置信区间为:

$$s - Z_{\alpha/2} \cdot \frac{s}{\sqrt{2n}} < \sigma < s + Z_{\alpha/2} \cdot \frac{s}{\sqrt{2n}}$$

知识点 2 总体方差的区间估计

从正态分布的总体中,抽取样本容量为 n 的样本,其样本方差与总体方差比值的分布服从 χ^2 分布。

(1)计算过程与前文基本类似,因此构造的随机变量为:

$$\frac{(n-1)s^2}{\sigma^2} \sim \chi^2(n-1)$$

(2)置信水平为 $1-\alpha$,随机变量的取值范围如下(如图 7-3 所示):

$$P\left(\chi^2_{1-\alpha/2} < \frac{(n-1)s^2}{\sigma^2} < \chi^2_{\alpha/2}\right) = 1-\alpha$$

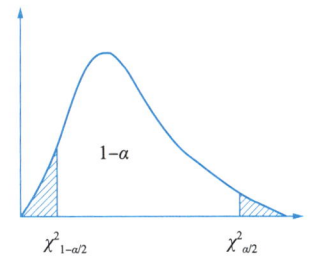

图7-3 方差的置信区间

（3）解上述不等式，得出估计区间为：

$$\frac{(n-1)s^2}{\chi^2_{\alpha/2}} < \sigma^2 < \frac{(n-1)s^2}{\chi^2_{1-\alpha/2}}, \quad df = n-1$$

≫ TIPS ⑥

知识点 3 两个总体方差之比的区间估计

从正态分布的两个总体中，分别抽取样本容量为 n_1 和 n_2 的两个样本，要求两个总体方差齐性。

（1）计算过程与前文基本类似，构造的随机变量为：

$$\frac{s_1^2/\sigma_1^2}{s_2^2/\sigma_2^2} \sim F(n_1-1, n_2-1) \xrightarrow{\sigma_1^2=\sigma_2^2} \frac{s_1^2}{s_2^2} \sim F(n_1-1, n_2-1)$$

（2）置信水平为 $1-\alpha$，随机变量的取值范围如下：（如图7-4所示）

$$P\left(F_{1-\alpha/2} < \frac{s_1^2/\sigma_1^2}{s_2^2/\sigma_2^2} < F_{\alpha/2}\right) = 1-\alpha$$

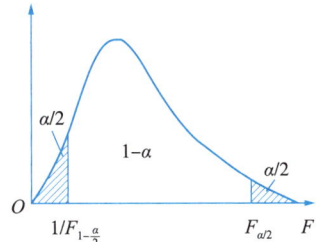

图7-4 F 的双侧概率

（3）通过解不等式，得到置信区间为：

$$\frac{1}{F_{\alpha/2}} \cdot \frac{s_1^2}{s_2^2} < \frac{\sigma_1^2}{\sigma_2^2} < \frac{1}{F_{1-\alpha/2}} \cdot \frac{s_1^2}{s_2^2}, \quad df_1 = n_1-1, \quad df_2 = n_2-1$$

≫ TIPS ⑦

本节小结

本节主要介绍了总体标准差与方差的区间估计方法。在312统考的最新大纲中，本部分内容已删除，考生可做一定的了解。

TIPS ⑥

显著性水平为 α，意味着 $\frac{(n-1)s^2}{\sigma^2}$ 被 $\left[\chi^2_{1-\alpha/2}, \chi^2_{\alpha/2}\right]$ 这一区间覆盖的概率为 $1-\alpha$，查 $df = n-1$ 的 χ^2 表确定 $\chi^2_{1-\alpha/2}$ 与 $\chi^2_{\alpha/2}$ 的值，代入计算即可获得估计区间。

TIPS ⑦

通过查自由度为（n_1-1，n_2-1）的 F 分布表，获得 $F_{\alpha/2}$ 的临界值，但 F 分布是一族分布，教材附表4中的概率是指某一 F 值以上，F 分布右侧一尾端部分的概率（称单侧概率），因此若需要知道 $F_{1-\alpha/2}$ 的值，则可以根据 F 检验的性质：

$$F_{1-\alpha/2(n_1-1)(n_2-1)} = \frac{1}{F_{\alpha/2}(n_2-1)(n_1-1)}$$

将 $F_{\alpha/2}$（n_1-1，n_2-1）的自由度反过来（例如原来的 F 分布的自由度为（4，5），则需要查（5，4）的 $F_{\alpha/2}$ 的值），即查 $F_{\alpha/2}$（n_2-1，n_1-1）的值，然后求 $F_{\alpha/2}$ 的倒数，即 $\frac{1}{F_{\alpha/2}}$ 的值，就获得了 $F_{1-\alpha/2}$ 的值。

名词总结

点估计　　　　区间估计　　　　无偏性　　　　　有效性
一致性　　　　充分性　　　　　显著性水平　　　置信水平
置信区间　　　置信界限　　　　总体平均数的区间估计
平均数差值的区间估计

第八章 假设检验

知识导读

本章介绍了推论统计的第二大部分内容——假设检验。本章先介绍了假设检验的概念，假设检验的原理，在假设检验中涉及的两类错误和两类检验，以及统计检验力等基本内容；然后介绍了平均数的显著性检验及平均数差异的显著性检验；最后介绍了方差的差异检验及相关系数的显著性检验。

在心理学考研中，本章是重点考查章节，各种题型都有涉及。因此，考生要深刻理解假设检验中的两类错误，对于平均数的显著性检验、平均数差异的显著性检验、方差的差异检验，要掌握其计算方法。

知识地图

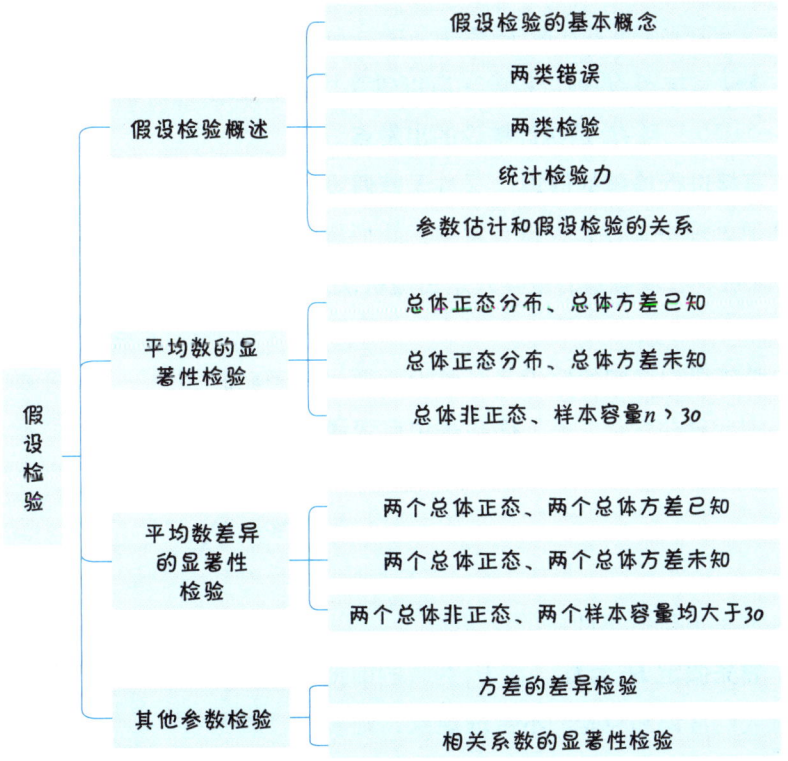

第一节　假设检验概述

知识点 1　假设检验的基本概念 ★★

1. 假设与假设检验　　　　　　　　　》TIPS ①

（1）**假设**：在统计学中，专指用统计学术语对总体参数或总体分布所做的假设性说明。

（2）**假设检验**：事先对总体参数或总体分布做出一个假设，然后利用样本信息判断原假设是否合理，从而决定是否接受原假设，这一推论过程称作假设检验。假设检验**包括参数检验和非参数检验**。

①**参数检验**（parametric test）是指对**总体的分布形式已知**，需对总体的未知参数进行的假设检验。参数检验有 Z 检验、t 检验、F 检验和 q 检验等。

②**非参数检验**（non-parametric test）是指对**总体的分布形式知之甚少**，需对总体的形式及其他特征进行的假设检验。非参数检验有**卡方检验**、符号检验、符号等级检验、秩和检验、中位数检验等。

2. 两类假设

假设检验中的统计假设有两类：**虚无假设**（H_0）和**备择假设**（H_1）。在统计学中，无法直接对 H_1 进行检验，所以建立与之对应的 H_0，二者有且只有一个成立，**且 H_0 是统计推论的出发点**。

（1）**虚无假设**：**直接进行检验的假设**，又称**无差假设**、原假设和零假设，是指在实验处理中，什么也没有发生，我们所预计的改变、差异处理效果都不存在，**观察到的差异只是由随机误差引起的**，**用 H_0 表示**。

（2）**备择假设**：**希望得到证实的假设**，又称对立假设、研究假设和科学假设，是指因变量的变化、差异确实是**由自变量的作用引起的**，这种差异往往是研究者对结果的预期，**用 H_1 表示**。

3. 两个基本思想　　　　　　　　　　》TIPS ②

（1）**反证法**：

①假设检验的基本思想是概率性质的反证法。

②为了检验 H_0，**首先假定 H_0 为真**。在 H_0 为真的前提下，如果出现违反逻辑或违背人们常识和经验的**不合理现象**，则表明"虚无假设为真"的假定是不正确的，因此拒绝 H_0，转而接受 H_1；反之，则接受 H_0，拒绝 H_1。

总体的分布形式已知主要指总体为正态分布或渐进正态分布，这是各统计量及构造随机变量服从相应分布的前提。

统计学一般将低于 0.05 或 0.01 的概率称为小概率，即把 0.05 或 0.01 作为拒绝零假设的概率，0.05 和 0.01 这种拒绝零假设的概率即显著性水平，用 $\alpha=0.05$ 和 $\alpha=0.01$ 表示，换句话说，显著性水平是统计推断时可能犯错误的概率。如果在 95% 的可靠度上对假设进行检验，则显著性水平为 0.05；如果在 99% 的可靠度上对假设进行检验，则显著性水平为 0.01。

③不合理现象通常是指在一次试验中，小概率事件发生了。
>> TIPS ③

（2）小概率事件原理：

①假设检验推断的依据是小概率事件原理。在一次试验中出现的概率不超过 0.05 或 0.01 的事件称为小概率事件。

②通常情况下，小概率事件在一次试验中几乎是不可能发生的。

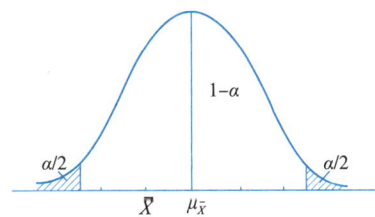

图 8-1　假设检验原理图

4. 假设检验的基本步骤

（1）根据问题要求，提出虚无假设与备择假设。

（2）构造服从某分布的随机变量，选择适当的检验统计量进行检验。例如，若抽样分布服从正态分布，则构造 $\dfrac{\overline{X} - \mu_0}{\sigma / \sqrt{n}} \sim N(0, 1)$。

（3）确定检验的方向性并规定显著性水平。

（4）计算检验统计量的值。

（5）根据显著性水平查表获得临界值，并将计算出的统计量的具体值与临界值相比较，进而做出决策。

整个流程如图 8-2 所示。
>> TIPS ④

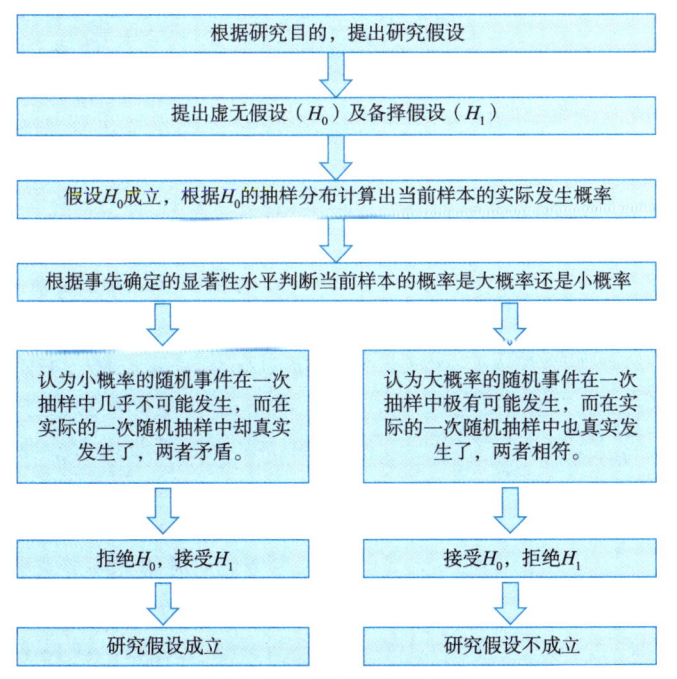

图 8-2　假设检验的流程

 TIPS ③

以样本与总体平均数差异的检验为例：已知某总体呈正态分布，其平均数和标准差分别为 μ 和 σ，则其平均数的抽样分布为正态分布。现有一个容量为 n 的样本，可计算出样本平均数为 $\overline{X}$。现欲验证该样本是否来自上述总体，即检验抽样分布的均值 $\overline{X}$ 与总体均值是否存在显著差异，直接检验存在困难，因此利用反证法，先假设二者不存在差异，再看是否存在"不合理现象"，进而得出检验结果。于是，由此提出虚无假设 H_0：假设该样本来自上述总体，即 $\overline{X} = \mu_{\overline{X}}$，则 $\overline{X}$ 可能落在平均数的抽样分布中的任意位置，如图 8-1 所示。

图 8-1 中的空白区域（非阴影区域）表示接受域，阴影区域表示拒绝域，α 通常取 0.05 或 0.01。若 $\overline{X}$ 落在空白区域，则选择接受 H_0，表明此样本来自上述总体；若 $\overline{X}$ 落在阴影区域，表明出现了不合理现象，即小概率事件发生了，则选择拒绝 H_0，即此样本与总体存在显著差异。实际上，假设检验的结果也反映了接受域是否包含样本统计量。

 TIPS ④

这里实际上就是看计算出的统计量是落在接受域内还是拒绝域内，若落在接受域内，则接受 H_0；反之则拒绝 H_0。

知识点 2 | 假设检验中的两类错误 ★★★

1. 两类错误的含义

假设检验中的反证法不同于纯数学中的反证法，后者是指小概率事件在一次试验中发生了，从而否定原来的假设条件。

但是小概率事件虽然在一次试验中几乎不可能发生的，但是并非绝对不发生。所以，假设检验中的反证法是可能出现错误的。

由于总体的真实情况往往是未知的，因此在假设检验过程中可能会犯两类错误：Ⅰ型错误和Ⅱ型错误。两类错误的比较如表 8-1 所示。

（1）Ⅰ型错误（一类错误）：当 H_0 正确时，拒绝 H_0 所犯的错误，又称为 α 错误、弃真错误，其概率为 α，即实际上不存在差异，但研究者却做出差异显著的推断。（即无中生有）

（2）Ⅱ型错误（二类错误）：当 H_0 错误时，接受 H_0 所犯的错误，又称为 β 错误、取伪错误，其概率为 β，即实际上存在显著差异，但研究者却做出差异不显著的推断。（即失之交臂） ≫ TIPS ⑤

两类错误的比较如表 8-1 所示。

表 8-1 假设检验中的两类错误

真实情况	判断结果	
	接受 H_0	拒绝 H_0
H_0 为真	正确 概率 =1−α（置信度）	弃真（Ⅰ型错误） 概率 =α（显著性水平）
H_0 为假	取伪（Ⅱ型错误） 概率 =β	正确 概率 =1−β（统计检验力）

2. 两类错误的关系 ≫ TIPS ⑥

（1）两类错误是在不同条件下犯的错误，Ⅰ型错误是在零假设成立时犯的错误，而Ⅱ型错误是在零假设不成立时犯的错误，所以 α+β 不一定等于 1。

（2）其他条件不变的情况下，α 和 β 不可能同时增大或者减小。

（3）在规定了 α 的情况下，要尽可能地减小 β，最直接的方法就是增大样本容量。当 n 增大时，样本平均数分布将变得陡峭，在 α 和其他条件不变时，β 会减小。

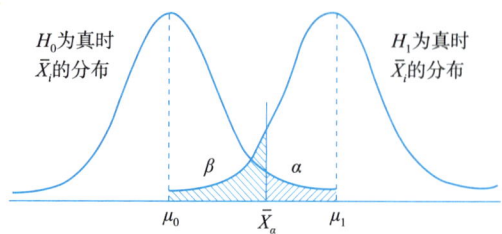

图 8-3 α 和 β 的关系

考生一定要注意区分两类错误，这是高频考点。H_0 是假设二者没有差异，Ⅰ型错误是 H_0 正确却拒绝了 H_0，当 H_0 正确时，意味着事实上二者没有差异，而决策拒绝了它，所以是"弃真错误"；Ⅱ型错误指的是 H_0 为假，意味着实际上二者有差异，决策却接受了它，所以是"取伪错误"。统计推论的出发点是 H_0，因此"弃真错误"中的"真"指的是"H_0 为真"，"取伪错误"中的"伪"指的是"H_0 为假"。两类错误也说明了在统计推论中，没有办法完全证实或者证伪，只是基于一定的概率来做推论，那么在推论中就有犯错误的可能。

当 H_0 为真时，要看图 8-3 中左边的正态分布图。对于某一显著性水平 α，其临界点为 $\bar{X}_\alpha$，$\bar{X}_\alpha$ 的右边表示 H_0 的拒绝域，面积比率为 α；$\bar{X}_\alpha$ 的左边表示 H_0 的接受域，面积比率为 1−α。由于观测值落在了拒绝域内，因此选择拒绝 H_0，这时所犯错误的概率为 α。当 H_0 为假时（等价于 H_1 为真时），要看图 8-3 中右边的正态分布图。$\bar{X}_\alpha$ 的左边表示 H_1 的拒绝域，面积比率为 β；$\bar{X}_\alpha$ 的右边表示 H_1 的接受区，面积比率为 1−β。由于观测值落在了拒绝域内，因此选择拒绝 H_1，也就是接受 H_0 所犯错误的概率为 β。由此可见，α+β 不一定等于 1，且 α 和 β 不可能同时增大或者减小。需注意，α 是人为规定的，而 β 则是通过计算获得的，即样本量发生变化，α 不变，β 改变。

知识点 3 假设检验中的两类检验 ★★★

1. 单侧检验

强调某一方向的检验叫作单侧检验，如检验一方是否显著大于（或小于）、优于（或劣于）、不大于（或不小于）、不优于（或不劣于）另一方。

2. 双侧检验

只强调差异而不强调方向性的检验叫作双侧检验，如检验二者是否存在显著差异。

3. 二者的区别

（1）问题的提法不同。

①单侧检验的提法为 μ 是否显著高于（低于）或不高于（不低于）已知常数 μ_0。

②双侧检验的提法为 μ 与已知常数 μ_0 是否有显著差异。

（2）建立假设的形式不同。

①单侧检验的虚无假设与备择假设。 » TIPS ⑦

$$H_0 : \mu \leq \mu_0 ; H_1 : \mu > \mu_0 （右侧）$$
$$H_0 : \mu \geq \mu_0 ; H_1 : \mu < \mu_0 （左侧）$$

②双侧检验的虚无假设与备择假设。

$$H_0 : \mu = \mu_0 ; H_1 : \mu \neq \mu_0$$

（3）拒绝域不同。

①单侧检验的拒绝域为 Z_α，t_α。

②双侧检验的拒绝域为 $Z_{\alpha/2}$，$t_{\alpha/2}$，如图 8-4 至图 8-6 所示。

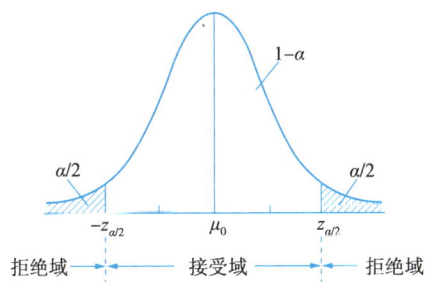

图 8-4　总体均值双侧检验的拒绝域

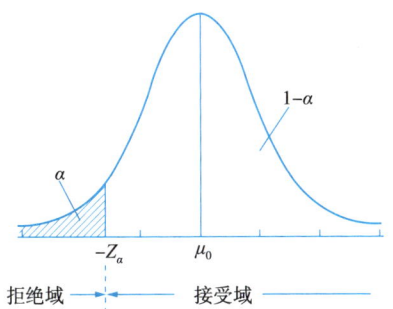

图 8-5　总体均值单侧（左侧）检验的拒绝域

TIPS ⑦

H_0 是大概率事件，H_1 是小概率事件，而小概率事件在一次试验中几乎是不可能发生的，所以如果通过计算发现出现了小概率事件，就要拒绝 H_0，接受 H_1。

在实际问题中，一般总是控制犯Ⅰ类错误的概率为 α，使 H_0 成立时犯Ⅰ类错误的概率不超过 α。在这种原则下的统计假设问题称为显著归检，将犯Ⅰ类错误的概率 α 称为假设检验的显著性水平。经过检验，如果所得差异超过了统计学规定的某一误差限度，则表明这个差异已不属于抽样误差，而是总体上确有差异，这种情况叫差异显著，或者说差异具有统计学意义。反之，若所得差异未达到规定限度，说明该差异主要来源于抽样误差，这时称之为差异不显著。当从统计学意义说"存在显著性差异"时，实际上的"显著效果"还要根据专业标准而定。也就是说，统计结论"显著"并不一定意味着实际效果显著。

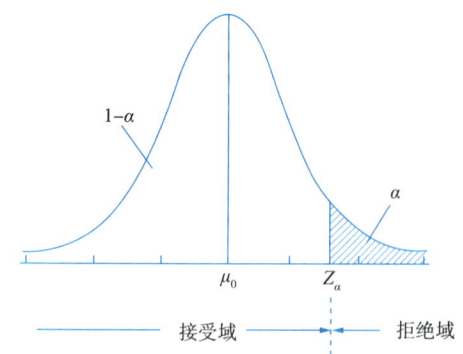

图 8-6 总体均值单侧（右侧）检验的拒绝域

知识点 4 统计功效 ★★★

1. 统计功效的含义

统计功效又称统计检验力、统计效力，是指<u>能够正确地拒绝一个错误的虚无假设（H_0）的概率</u>，反映了假设检验能够正确辨认真实差异的能力，<u>用 $1-\beta$ 表示</u>。

2. 统计检验力的影响因素　　　　　　　　　　»TIPS ⑧

（1）<u>处理效应</u>。处理效应越大，差异就越明显，越容易被检测到，统计检验力 $1-\beta$ 也就越大。

（2）<u>显著性水平 α</u>。α 增大，拒绝虚无假设的概率增大，同时根据两类错误的关系，β 会减小，$1-\beta$ 会增大，<u>统计检验力增大</u>。

（3）<u>检验方向</u>。单侧检验检测处理效应的能力高于双侧检验，即单侧检验的统计检验力更大。

（4）<u>样本容量</u>。样本容量越大，标准误越小，分布越集中，β 越小，统计检验力 $1-\beta$ 越大。

知识点 5 参数估计和假设检验的比较 ★

1. 二者的相同点

（1）都是利用样本信息对总体参数做出的推断。

（2）都是以抽样分布为理论依据，建立在概率论基础之上的推断。

2. 二者的不同点　　　　　　　　　　　　　　»TIPS ⑨

（1）区间估计是对总体参数在一定的置信度下的取值区间进行估计；而假设检验是对总体某个参数是否等于（或者大于、小于）一个给定的数值进行判断。

（2）区间估计的关键是找到一个随机区间，使其包含参数；假设检验的关键是找到一个确定性的区域（拒绝域），拒绝域内的事件为小概率事件。

（3）区间估计立足于大概率；假设检验立足于小概率。

（4）区间估计中的总体参数是根据样本的统计量估计出来的一

由于统计检验力是 $1-\beta$，要改变统计检验力，实质上就是要改变 β，由此可结合 α 和 β 的关系，进一步理解影响统计检验力的因素。

假设检验和参数估计是一对用法相反的推断手段。假设检验是指总体参数已知，判断样本统计量与总体参数是否一致的推断过程；参数估计是指总体参数未知，利用样本统计量估计总体参数的推断过程。

个值，不是一个确定的值；而假设检验中的参数是一个定值。

（5）在计算上面是一种类似于逆运算的关系，区间估计是计算它的这个接受域，也就是置信区间；假设检验是判断这个值是在接受域内还是在拒绝域内。

（6）参数估计是总体未知，要利用这个总体的一部分样本去推断总体的参数；而假设检验是总体参数已知，通过这一组样本的数据和总体数据参数的比较，来检验这一组数据是否为总体的数据，或者说是否能够代表总体的数据。

> **本节小结**
>
> 假设检验是使用来自样本的数据得出关于总体的推论的过程；这个过程开始于两个假设，即虚无假设和备择假设；假设检验的原理是基于小概率事件的反证法，因此在做出决定时，总是有犯错误的可能，可能犯的错误有两种：Ⅰ型错误（弃真错误）和Ⅱ型错误（取伪错误）。假设检验分为单侧检验和双侧检验，二者在提法、形式和拒绝域方面各有不同。假设检验能够正确检测出真实差异的能力叫作统计检验力。统计检验力是指检验正确拒绝错误的虚无假设的概率，用 $1-\beta$ 表示。假设检验和参数估计既联系密切，又有所区别。本节内容至关重要，考生要全盘掌握。

第二节　平均数的显著性检验

平均数的显著性检验是指对样本平均数与总体平均数之间差异进行的显著性检验。若检验的结果差异显著，则表明样本平均数与总体平均数的差异已不能被认为完全是抽样误差，样本平均数可以被认为来自另一个总体。

知识点 1　总体正态分布、总体方差已知 ★★★

具体计算步骤如下：

（1）根据题意，确定使用单侧检验还是双侧检验，建立虚无假设和备择假设。

（2）分析已知条件：已知总体 $X \sim N(\mu, \sigma^2)$，则样本均值分布为 $\bar{X} \sim N\left(\mu, \dfrac{\sigma^2}{n}\right)$。

（3）构造随机变量服从 Z 分布（标准正态分布）：

$$Z = \dfrac{\bar{X} - \mu}{\sigma/\sqrt{n}} \sim N(0,1)$$

（4）使用 Z 检验，计算出的 Z 值与查表获得的 $Z_{\alpha/2}$ 值比较，判断 Z 值处在接受域还是处在拒绝域。

（5）若 $P\left(\left|\dfrac{\overline{X}-\mu}{\sigma/\sqrt{n}}\right| \geq Z_{\alpha/2}\right)=\alpha$，则拒绝虚无假设。如图 8-7 所示。

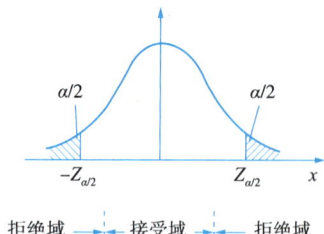

图 8-7　假设检验（1）

知识点 2　总体正态分布、总体方差未知 ★★★

具体计算步骤如下：

（1）根据题意，确定使用单侧检验还是双侧检验，建立虚无假设和备择假设。

（2）分析已知条件：已知总体 $X \sim N(\mu, \sigma^2)$，则样本均值分布为 $\overline{X} \sim N\left(\mu, \dfrac{\sigma^2}{n}\right)$。

（3）构造的随机变量为：

$$t = \dfrac{\overline{X}-\mu}{s/\sqrt{n}} \sim t(n-1)$$

（4）使用 t 检验，计算出的 t 值与查表获得的 $t_{\alpha/2}$ 值比较，判断 t 值是处在接受域还是处在拒绝域。

（5）若 $P\left(\left|\dfrac{\overline{X}-\mu}{s/\sqrt{n}}\right| \geq t_{\alpha/2}\right)=\alpha$，则拒绝虚无假设。如图 8-8 所示。

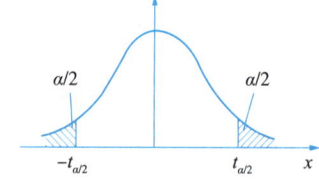

图 8-8　假设检验（2）

知识点 3　总体非正态，样本容量 $n > 30$ ★★★　　>> TIPS ①

具体计算步骤与知识点 2 相同。

1. 当 σ 已知时

（1）构建 $\dfrac{\overline{X}-\mu}{\sigma/\sqrt{n}} \sim N(0, 1)$ 的 Z 分布，使用 Z 检验。此时 Z

TIPS ①

此处所说的样本容量 $n > 30$ 是一个经验值，本质上采用的是中心极限定理，当 n 趋于无穷时，样本均值分布趋于正态分布，其均值为 μ，标准差为 $\sigma/\sqrt{n}$。如果总体非正态，且样本容量 < 30，则无法计算。

用 Z' 表示。

（2）判断 $\dfrac{\bar{X}-\mu}{\sigma/\sqrt{n}}$ 处在接受域还是拒绝域。

2. 当 σ 未知时

（1）构建 $\dfrac{\bar{X}-\mu}{s/\sqrt{n}} \sim t(n-1)$ 的 t 分布，使用 t 检验。

（2）判断 $\dfrac{\bar{X}-\mu}{s/\sqrt{n}}$ 处在接受域还是拒绝域。

典例 1 在一项空间知觉能力测试后，随机抽取 6 名被试的成绩为 1.4，1.8，1.1，1.9，2.2，1.2，这些数值是否能证明"空间知觉能力测试的平均数一般为 1.5"的论断。

> **本节小结**
>
> 平均数的显著性检验是指通过检验样本平均数与总体平均数之间是否存在差异，进而判断样本是否来自该总体。对于平均数的显著性检验分为不同的情况：当总体正态分布、总体方差已知时，使用 Z 检验；当总体正态分布、总体方差未知时，使用 t 检验；当总体非正态，样本容量大于 30 时，使用 Z 检验。不同样本抽样分布下标准误的计算公式有差异，考生要注意区分。

第三节　平均数差异的显著性检验

平均数差异的显著性检验是指对**两个样本平均数之间的差异**进行的显著性检验。这种检验的目的在于用**样本平均数之间的差异** $(\bar{X}_1 - \bar{X}_2)$ 来检验各自代表的两个总体之间的差异 $(\mu_1 - \mu_2)$。若结果显著，则说明两个总体有本质区别，或者某个总体在经过处理前后发生了质变。此时，需要考虑两个总体方差是否一致（方差齐性）、两个样本是否相关、样本容量是否相等等情况。 >> TIPS

知识点 1　**两个总体都是正态分布，两个总体方差都已知** ★★★

1. 独立样本的平均数差异检验

（1）建立假设：$H_0: \mu_1 - \mu_2 = 0$，$H_1: \mu_1 - \mu_2 \neq 0$。

（2）分析已知条件。

两总体为 $X_1 \sim N(\mu_1, \sigma^2)$，$X_2 \sim N(\mu_2, \sigma^2)$ 且独立，那么

$$\bar{X}_1 \sim N\left(\mu_1, \dfrac{\sigma^2}{n_1}\right),\quad \bar{X}_2 \sim N\left(\mu_2, \dfrac{\sigma^2}{n_2}\right),\quad \bar{X}_1 - \bar{X}_2 \sim N\left(\mu_1 - \mu_2, \dfrac{\sigma^2}{n_1} + \dfrac{\sigma^2}{n_2}\right)$$

即样本均值之差服从正态分布。

（3）构造随机变量。

> **TIPS ①**
>
> 当随机从总体中抽取两个样本容量为 n_1、n_2 的一切可能样本时，两个样本的均数之差（$D = \bar{X}_1 - \bar{X}_2$）也会形成一种抽样分布，即 $D_1、D_2、D_3\cdots、D_n$，两个均数之差 D 在抽样分布上的标准差称为两个均数之差的标准误，记为 $SE_{D\bar{X}}$。

$$Z = \frac{(\bar{X}_1 - \bar{X}_2) - (\mu_1 - \mu_2)}{SE_{D\bar{X}}}, \quad SE_{D\bar{X}} = \sqrt{\frac{\sigma_1^2}{n_1} + \frac{\sigma_2^2}{n_2}}$$

>> TIPS ②

即标准化之后的随机变量服从 Z 分布，因此采用 Z 检验，$\mu_1 - \mu_2 = 0$。

（4）计算的 Z 值与查表获得的 $Z_{\alpha/2}$ 值比较，判断 Z 值处在接受域还是拒绝域。

（5）若 $P\left(\left|\dfrac{(\bar{X}_1 - \bar{X}_2) - (\mu_1 - \mu_2)}{\sqrt{\dfrac{\sigma_1^2}{n_1} + \dfrac{\sigma_2^2}{n_2}}}\right| \geq Z_{\alpha/2}\right) = \alpha$，则拒绝虚无假设。

如图 8-9 所示。

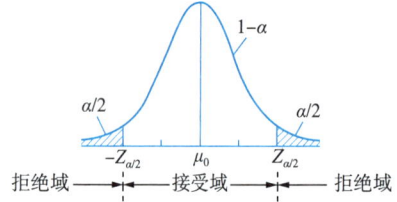

图 8-9　独立样本平均数差异检验示意图

2. 相关样本的平均数差异检验

>> TIPS ③

（1）建立假设：$H_0: \mu_1 - \mu_2 = 0$，$H_1: \mu_1 - \mu_2 \neq 0$。

（2）分析已知条件。

两个总体为 $X_1 \sim N(\mu_1, \sigma^2)$，$X_2 \sim N(\mu_2, \sigma^2)$，那么

$$\bar{X}_1 \sim N\left(\mu_1, \frac{\sigma^2}{n_1}\right), \quad \bar{X}_2 \sim N\left(\mu_2, \frac{\sigma^2}{n_2}\right)$$

$$\bar{X}_1 - \bar{X}_2 \sim N\left(\mu_1 - \mu_2, \frac{\sigma_1^2}{n} + \frac{\sigma_2^2}{n} - 2r \cdot \frac{\sigma_1}{\sqrt{n}} \cdot \frac{\sigma_2}{\sqrt{n}}\right)$$

即样本均值之差服从正态分布。

（3）构造随机变量。

$$Z = \frac{(\bar{X}_1 - \bar{X}_2) - (\mu_1 - \mu_2)}{SE_{D\bar{X}}}, \quad SE_{D\bar{X}} = \sqrt{\frac{\sigma_1^2}{n} + \frac{\sigma_2^2}{n} - 2r \cdot \frac{\sigma_1}{\sqrt{n}} \cdot \frac{\sigma_2}{\sqrt{n}}}$$

即标准化之后的随机变量服从 Z 分布，因此采用 Z 检验，$\mu_1 - \mu_2 = 0$。

（4）计算的 Z 值与查表获得的 $Z_{\alpha/2}$ 值比较，判断 Z 值处在接受域还是拒绝域。

（5）若 $P\left(\left|\dfrac{(\bar{X}_1 - \bar{X}_2) - (\mu_1 - \mu_2)}{\sqrt{\dfrac{\sigma_1^2}{n} + \dfrac{\sigma_2^2}{n} - 2r \cdot \dfrac{\sigma_1}{\sqrt{n}} \cdot \dfrac{\sigma_2}{\sqrt{n}}}}\right| \geq Z_{\alpha/2}\right) = \alpha$，则拒绝虚无假

TIPS ②

单个样本均值的标准误为 $SE_{\bar{X}} = \sqrt{\dfrac{\sigma^2}{n}} = \dfrac{\sigma}{\sqrt{n}}$，根据方差可加性的性质，两个独立样本均值的标准误为两个独立样本的方差相加的算术平方根。

TIPS ③

独立样本指两个样本的数据相互独立，没有关联；相关样本指两个样本的数据存在一一对应的关系，即数据是成对出现的。常见的相关样本包括单组前后测、同卵双生子、夫妻等。其中相关系数的计算常采用皮尔逊积差相关。

TIPS ④

当两个总体方差未知时，在进行假设检验之前，先要根据两个样本统计量来检验两个总体的方差是否齐性，即两个总体方差是否存在差异，这里采用的检验方法一般为 F 检验。

设。如图 8-10 所示。

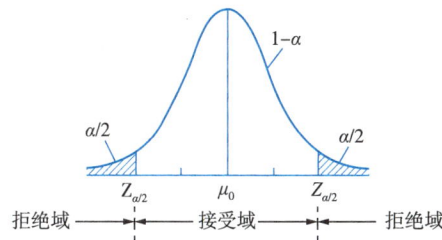

图 8-10 相关样本平均数差异检验示意者

知识点 2 | 两个总体都是正态分布，两个总体方差都未知 ★★★

1. 独立样本的平均数差异检验

（1）两个总体方差齐性，即 $\sigma_1^2 = \sigma_2^2 = \sigma^2$。　　≫ TIPS ④

①建立假设：$H_0 : \mu_1 - \mu_2 = 0$，$H_1 : \mu_1 - \mu_2 \neq 0$。

②分析已知条件。两个总体为 $X_1 \sim N(\mu_1, \sigma^2)$，$X_2 \sim N(\mu_2, \sigma^2)$ 且独立，那么

$$\bar{X}_1 \sim N\left(\mu_1, \frac{\sigma^2}{n_1}\right),\ \bar{X}_2 \sim N\left(\mu_2, \frac{\sigma^2}{n_2}\right),\ \bar{X}_1 - \bar{X}_2 \sim N\left(\mu_1 - \mu_2,\ \sigma^2\left(\frac{1}{n_1} + \frac{1}{n_2}\right)\right)$$

③构建 $\dfrac{(\bar{X}_1 - \bar{X}_2) - (\mu_1 - \mu_2)}{\sigma\sqrt{\dfrac{1}{n_1} + \dfrac{1}{n_2}}} \sim N(0,1)$。

④由于总体方差未知，要使用样本方差代替总体方差，根据第六章性质 $\dfrac{(n-1)s^2}{\sigma^2} \sim \chi^2(n-1)$，有 $\dfrac{(n_1-1)s_1^2}{\sigma^2} \sim \chi^2(n_1-1)$，$\dfrac{(n_2-1)s_2^2}{\sigma^2} \sim \chi^2(n_2-1)$，那么 $\dfrac{(n_1-1)s_1^2}{\sigma^2} + \dfrac{(n_2-1)s_2^2}{\sigma^2} \sim \chi^2(n_1+n_2-2)$

⑤根据 t 分布的定义构造随机变量：$\dfrac{(\bar{X}_1 - \bar{X}_2) - (\mu_1 - \mu_2)}{SE_{D\bar{X}}} \sim t(n_1 + n_2 - 2)$，因此采用 t 检验，

其中

$$SE_{D\bar{X}} = \sqrt{\dfrac{(n_1-1)s_1^2 + (n_2-1)s_2^2}{n_1+n_2-2} \cdot \left(\dfrac{1}{n_1} + \dfrac{1}{n_2}\right)}$$

⑥计算的 t 值与查表获得的 $t_{\alpha/2}$ 值比较，判断 t 值处在接受域还是拒绝域。

⑦若 $P\left(\left|\dfrac{(\bar{X}_1 - \bar{X}_2) - (\mu_1 - \mu_2)}{\sqrt{\dfrac{(n_1-1)s_1^2 + (n_2-1)s_2^2}{n_1+n_2-2} \cdot \left(\dfrac{1}{n_1} + \dfrac{1}{n_2}\right)}}\right| \geq t_{\alpha/2}\right) = \alpha$，则拒绝

虚无假设。如图 8-11 所示。

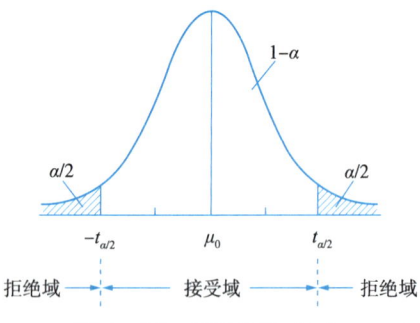

图 8-11　假设检验（3）

（2）两总体方差不齐性，采用柯克兰－柯克斯 t 检验。

2. 相关样本的平均数差异检验（两个总体方差齐性）

（1）相关系数 r 未知。

①求出每对数据之差的和方。

$$SS_d = \sum d^2 - \frac{(\sum d)^2}{n}$$

式中，$d = X_{1i} - X_{2i}$（每对数据之差）。

②求出每对数据的样本方差。

$$s_d^2 = \frac{SS_d}{n-1} = \frac{\sum d^2 - \frac{(\sum d)^2}{n}}{n-1}$$

③求出每对数据的样本的标准误。

$$SE_{D\bar{X}} = \sqrt{\frac{s_d^2}{n}} = \sqrt{\frac{\sum d^2 - \frac{(\sum d)^2}{n}}{n-1}} = \sqrt{\frac{\sum d^2 - \frac{(\sum d)^2}{n}}{n(n-1)}}$$

④根据 t 分布的定义构造随机变量：$\frac{(\bar{X}_1 - \bar{X}_2) - (\mu_1 - \mu_2)}{SE_{D\bar{X}}} \sim t(n-1)$，因此采用 t 检验。

⑤计算的 t 值与查表获得的 $t_{\alpha/2}$ 值比较，判断 t 值处在接受域还是拒绝域。

⑥若 $P\left(\left| \frac{(\bar{X}_1 - \bar{X}_2) - (\mu_1 - \mu_2)}{\sqrt{\frac{\sum d^2 - \frac{(\sum d)^2}{n}}{n(n-1)}}} \right| \geq t_{\alpha/2} \right) = \alpha$，则拒绝虚无假设。如图 8-12 所示。

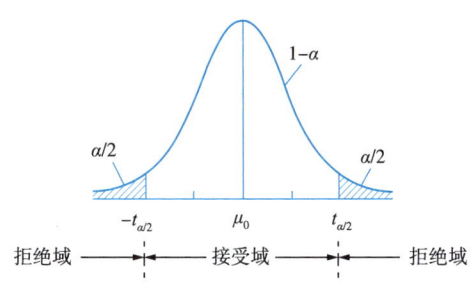

图 8-12 平均数差值的区间估计

（2）相关系数 r 已知，具体计算公式如下：

$$SE_{D\bar{X}} = \sqrt{\frac{s_1^2 + s_2^2 - 2rs_1s_2}{n}}, \quad t = \frac{\bar{X}_1 - \bar{X}_2}{SE_{D\bar{X}}}$$

式中，df=n−1，n 为数据的对数。

知识点 3 两个总体非正态，两个样本容量均大于 30 ★★★

样本均值之差服从正态分布，标准化之后的随机变量服从 Z 分布，因此使用 Z 检验。

>> TIPS

1. 独立样本的平均数差异检验

$$SE_{D\bar{X}} = \sqrt{\frac{\sigma_1^2}{n_1} + \frac{\sigma_2^2}{n_2}}, \quad Z' = \frac{\bar{X}_1 - \bar{X}_2}{SE_{D\bar{X}}}$$

当 σ 未知时，可用样本标准差 s 代替。

2. 相关样本的平均数差异检验

$$SE_{D\bar{X}} = \sqrt{\frac{\sigma_1^2}{n} + \frac{\sigma_2^2}{n} - 2r \cdot \frac{\sigma_1}{\sqrt{n}} \cdot \frac{\sigma_2}{\sqrt{n}}}, \quad Z' = \frac{\bar{X}_1 - \bar{X}_2}{SE_{D\bar{X}}}$$

当 σ 未知时，可用样本标准差 s 代替。

典例 2 根据下列材料，回答（1）~（3）题。

已知 X_1、X_1 为两个相互独立的连续变量，两个总体均为正态分布，$\bar{X}_1 = 100$，$\bar{X}_2 = 90$，$n_1 = 11$，$n_2 = 10$，$s_1^2 = 144$，$s_2^2 = 121$。

（1）在进行假设检验之前，需要（　　）。
A. 检验两个样本的联合方差是否齐性
B. 检验两个样本的方差是否齐性
C. 检验两个总体的方差是否齐性
D. 用样本方差估计总体方差

（2）对这两个变量的均值进行差异检验，最恰当的方法是（　　）。
A. t 检验　　B. Z 检验　　C. q 检验　　D. χ^2 检验

（3）差异检验的自由度为（　　）。
A. 9　　　　B. 10　　　　C. 19　　　　D. 20

TIPS 5

此处的样本容量 30 依然为经验值，当总体 σ 未知时，可采用样本标准差近似代替，并不服从 Z 分布，可看作 t 分布，但在大样本的条件下，t 分布趋于正态分布，因此可采用样本标准差近似计算。若两个总体非正态，两个样本容量小于 30，则无法计算。

> **本节小结**
>
> 平均数差异的显著性检验是指用两个样本平均数之间的差异来推断两个总体之间是否存在差异。平均数差异的显著性检验分为不同的情况，应采用不同的检验方法。具体来说，先要区分总体是否为正态分布，若呈正态分布，则进一步判断总体方差是否已知，若方差已知则选Z检验，若方差未知则选t检验；再判断两个样本是独立样本还是相关样本，若是独立样本，则判断两个总体方差是否齐性（只在t检验中判断），若是相关样本，则判断相关系数是否已知；最后选取合适的检验方法和公式进行计算。若两个总体非正态，则判断两个样本容量是否满足均大于30，若满足，则采用近似Z检验，若不满足，则无法计算。

第四节 其他参数检验

知识点 1　方差的差异检验 ★★

1. 样本方差与总体方差的差异检验

（1）当从正态分布的总体中随机抽取容量为 n 的样本时，其样本方差（s^2）与总体方差（σ^2）的比值服从 χ^2 分布，使用 χ^2 检验。

（2）构造随机变量：$\dfrac{(n-1)s^2}{\sigma^2} \sim \chi^2(n-1)$。

（3）如图8-13所示，根据自由度 $df=n-1$ 分别从 χ^2 表中查到 $\chi^2_{1-\alpha/2}$ 和 $\chi^2_{\alpha/2}$ 的值。

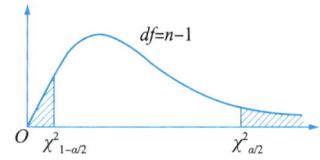

图8-13 χ^2 分布示意图

（4）若 $\chi^2_{1-\alpha/2} \leq \dfrac{(n-1)s^2}{\sigma^2} \leq \chi^2_{\alpha/2}$，则差异不显著，若 $\dfrac{(n-1)s^2}{\sigma^2} > \chi^2_{\alpha/2}$ 或 $\dfrac{(n-1)s^2}{\sigma^2} < \chi^2_{1-\alpha/2}$，则差异显著。

2. 两样本方差之间的差异显著性检验　　» TIPS ①

（1）**独立样本方差之差的检验**：样本方差之比服从 F 分布，采用 F 检验。需要较大样本方差作为分子。具体计算公式如下：

$$F = \dfrac{s_1^2}{s_2^2},\ df_1 = n_1 - 1,\ df_2 = n_2 - 1$$

若 $F > F_{\alpha/2}(df_1, df_2)$，它的拒绝域在右侧，此时的检验为单侧检验。

（2）**相关样本方差之差的检验**：依据样本方差之比构建 t 分布，

TIPS ①

这里所使用的 F 检验即前面提到的方差齐性检验中的 F 检验，此处计算出的 F 值与临界值相比，若在接受域内，则差异不显著，即方差齐性；若在拒绝域内，则差异显著，即方差不齐性。

采用 t 检验。具体计算公式如下：

$$t = \frac{s_1^2 - s_2^2}{\sqrt{\frac{4s_1^2 s_2^2 (1-r^2)}{n-2}}}, \quad df = n-2$$

知识点 2　相关系数的显著性检验 ★

1. 积差相关系数的显著性检验

（1）$\rho = 0$。

当在实际研究中得到一个具体的相关系数值时，这个值可能说明两列变量之间在总体上是相关的（$\rho \neq 0$），但这种相关也许是偶然现象，总体上可能并无相关（$\rho = 0$）。所以需要对这个值进行显著性检验，这时仍然用 t 检验的方法。

$$t = \frac{r-0}{\sqrt{\frac{1-r^2}{n-2}}}, \quad df = n-2$$

式中，r 为样本的积差相关系数。

（2）$\rho \neq 0$。

先将 r 和 ρ 转换成费舍 Z_r 和 Z_ρ，再进行 Z 检验。

$$Z = \frac{Z_r - Z_\rho}{\sqrt{\frac{1}{n-3}}}$$

2. 其他类型相关系数的显著性检验

（1）点二列相关系数 r_{pb}。

$$r_{pb} = \frac{\bar{X}_p - \bar{X}_q}{s_t} \sqrt{pq}$$

当 $|r_{pb}| > \frac{2}{\sqrt{n}}$ 时，认为 r_{pb} 在 0.05 水平上显著；当 $|r_{pb}| > \frac{2}{\sqrt{n}}$ 时，认为 r_{pb} 在 0.01 水平上显著。

（2）二列相关系数 r_b。

$$Z = \frac{r_b}{\frac{1}{y} \cdot \sqrt{\frac{pq}{n}}}$$

（3）斯皮尔曼等级相关系数 r_R。

计算出斯皮尔曼等级相关系数后，查斯皮尔曼等级相关系数显著性临界值表进行比较。

（4）肯德尔 W 系数。

①当 $3 \leq N \leq 7$ 时，查肯德尔 W 系数显著性临界值表进行比较。

② 当 $N > 7$ 时，将所得 W 代入公式 $\chi^2 = K(N-1)W$ （$df=N-1$），再查 χ^2 分布表进行比较。

3. 相关系数差异的显著性检验

（1）r_1 和 r_2 分别由两组彼此独立的被试得到：先进行费舍 Z_r 转换，然后采用 Z 检验。

$$Z = \frac{Z_{r_1} - Z_{r_2}}{\sqrt{\frac{1}{n_1 - 3} + \frac{1}{n_2 - 3}}}$$

（2）两个样本相关系数由同一组被试算得：先计算出三列变量的两两相关系数，然后进行 t 检验。

$$t = \frac{(r_{12} - r_{13})\sqrt{(n-3)(1+r_{23})}}{\sqrt{2(1 - r_{12}^2 - r_{13}^2 - r_{23}^2 + 2r_{12}r_{13}r_{23})}}, \quad df = n-3$$

本节小结

本节主要介绍了方差的差异检验和相关系数的显著性检验。方差的差异检验包括样本方差与总体方差的差异检验和两个样本方差之间的差异显著性检验。相关系数的显著性检验主要包括积差相关系数的显著性检验、其他类型相关系数的显著性检验、相关系数差异的显著性检验。考生在学习本节内容时，重点掌握方差的差异检验，其他内容需要注意不同的参数所对应的分布形态及检验方法，对所学公式大多以再认为主，着重区分不同的参数所对应的检验方法。

名词总结

假设	假设检验	参数检验	非参数检验
虚无假设	备择假设	小概率事件	反证法
Ⅰ型错误	Ⅱ型错误	单侧检验	双侧检验
标准误	自由度	统计检验力	显著性水平
检验方向	样本平均数	总体平均数	独立样本
相关样本	方差齐性	方差不齐性	相关系数

第九章 方差分析

 **知识导读**

假设检验主要是针对两组平均数差异的检验方法，而在实际研究中，为了了解人类行为的复杂性，我们经常会进行多组设计，本章学习的统计方法就是解决两组以上平均数的差异检验问题，这就要用到方差分析。本章先介绍了方差分析的含义、基本原理、基本假设及基本步骤；然后介绍了单因素实验设计方差分析，包括单因素被试间设计的方差分析和单因素被试内设计的方差分析；接着介绍了多因素实验设计方差分析，包括两因素被试间设计的方差分析、两因素被试内设计的方差分析和两因素混合设计的方差分析；最后介绍了事后检验、协方差分析和效果量等概念。

在心理学考研中，本章是高频考点。考生在学习本章内容时，要深刻理解方差分析的原理，掌握自由度的概念；对于单因素被试间和被试内设计的方差分析，要熟悉掌握解题的步骤。此外，本章内容跟实验心理学紧密相关，考生可以结合本套书中的《实验心理学》一起进行学习。

 **知识地图**

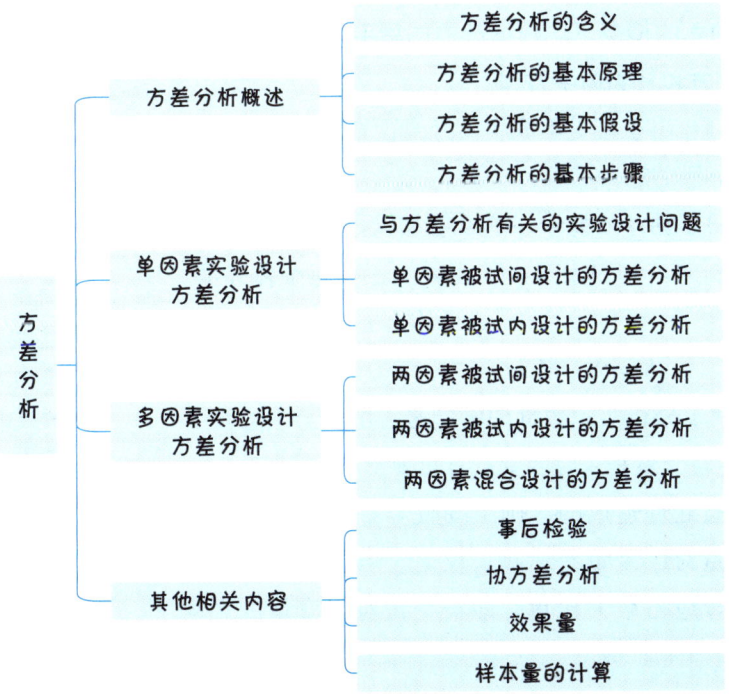

知识精讲

第一节　方差分析概述

知识点 1　方差分析的含义 ★

方差分析（analysis of variance，ANOVA）又称变异分析，主要通过对**多组（两组以上）平均数的差异进行显著性检验**，分析实验数据中**不同来源的变异对总变异的贡献大小**，从而确定实验中的**自变量**是否对**因变量**有重要影响。　　▶▶ TIPS ①

知识点 2　方差分析的基本原理 ★★★

1. 两类假设

（1）综合虚无假设

方差分析中的虚无假设为**综合虚无假设**，样本所属的所有总体的平均数相等，即 $H_0: \mu_1=\mu_2=\mu_3=\cdots=\mu_n$。**检验综合虚无假设是方差分析的主要内容。**

（2）备择假设

$H_1: \mu_1, \mu_2, \mu_3, \cdots, \mu_n$ **中至少有一对平均数不相等**。

2. 方差的可分解性　　▶▶ TIPS ②

方差分析依据的基本原理就是**方差（或变异）的可分解性，即方差的可加性原则**。确切地说，方差分析把实验数据的总变异分解为若干个不同来源的分量，用平方和（SS）来表示。

（1）平方和的分解

在各平方和来源**独立**的情况下，数据产生的**总平方和（SS_T）**由两部分组成，即**组间平方和**和**组内平方和**：

组间平方和（SS_B）：由于接受不同实验处理而造成的各组之间的变异，主要指实验处理效应。

组内平方和（SS_W）：由于实验中一些希望加以控制的非实验因素和一些未被有效控制的未知因素造成的变异，主要指**个体差异**、**随机误差**。

$$SS_T = SS_B + SS_W$$

方差分析的功能在于分析实验数据中不同来源的变异对总变异的贡献大小，从而确定自变量是否对因变量有重要影响。

若总变异是由实验处理造成的，则组间变异在总变异中占的比重就越大，即自变量对因变量有影响；反之，若总变异由误差因素造成，则组内变异应占较大比重，即自变量对因变量的影响不大。

TIPS ①

方差分析也属于假设检验的一种，第八章所描述的 Z 检验或 t 检验是处理两组数据的平均数之间是否存在差异，而方差分析是处理两组以上数据的平均数之间是否存在差异。若采用 t 检验来比较两组以上数据的平均数之间是否存在差异，则存在以下问题：

（1）检索过程更烦琐，需要进行 $C_k^2 = k(k-1)/2$ 次检验。

（2）对实验误差的估计不统一，因为每次比较计算出的标准误和自由度都不同。

（3）增加了 Ⅰ 型错误的概率，犯 α 错误的概率为 $p = 1-(1-\alpha)^{\frac{k(k-1)}{2}}$。

TIPS ②

在前面我们就学过，方差反映的是一组数据的变异情况，因此方差分析所使用的原理也是小概率事件原理。

TIPS ③

当没有处理效应存在时，由于抽样误差的原因，每一个分数与总平均数之间也不可能完全相等，即任何一个分数与总体平均数之间的差异除了处理效应，还会有随机抽样误差。由此可以推出，任何单个分数与总体平均数之间的差异都可以分成两个部分：由处理效应引起的变异和由随机误差引起的变异。若 $(\bar{X}_j - \bar{X}_t)$ 代表每组的处理效应，$(X_{ij} - \bar{X}_j)$ 代表随机误差效应，则有：

$$X_{ij} - \bar{X}_t = (X_{ij} - \bar{X}_j) + (\bar{X}_j - \bar{X}_t)$$

（2）均方

由于平方和（SS）的大小还与实验处理数（k）和每组被试的人数（n）有关，因此直接以组间平方和与组内平方和的大小来比较组间变异和组内变异的大小不够严谨。

考虑到<u>平方和除以自由度</u>所得的<u>样本方差</u>可作为总体方差的无偏估计，因此以组间均方和组内均方的大小来比较组间变异和组内变异的大小。

样本方差也叫<u>均方</u>，用 MS 表示，方差分析就是要看<u>组间均方</u>（MS_B）是否显著大于组内均方（MS_W），即检验是组间变异在总变异中所占比重大还是组内变异所占比重大。

组间均方和组内均方的计算：

$MS_B = SS_B / df_B$，$MS_W = SS_W / df_W$，其中，df_B 为组间自由度，df_W 为组内自由度。三者的对应关系见表9-1：

表9-1　方差分析中的变异来源、平方和与均方

	总变异	组间变异	组内变异
含义	实验中产生的总变异	由实验处理造成的变异	由实验误差引起的变异
	总平方和	组间平方和	组内平方和
公式	$SS_T = \sum_{j=1}^{k}\sum_{i=1}^{n}(X_{ij}-\bar{X}_t)^2$	$SS_B = n\sum_{j=1}^{k}(\bar{X}_j-\bar{X}_t)^2$	$SS_W = \sum_{j=1}^{k}\sum_{i=1}^{n}(X_{ij}-\bar{X}_j)^2$
	总均方	组间均方	组内均方
公式	$MS_T = \dfrac{SS_T}{df_T}$	$MS_B = \dfrac{SS_B}{df_B}$	$MS_W = \dfrac{SS_W}{df_W}$

（3）F检验

在方差分析中关心的是组间均方是否显著大于组内均方，若组间均方小于组内均方，就无须检验其是否小到显著性水平。因而将组间均方放在分子位置，用组间均方比去组内均方，进行<u>单侧检验</u>（右侧）。二者均方之比服从 <u>F 分布</u>，故采用 F 检验。

$$F = \frac{\text{组间变异}}{\text{组内变异}} = \frac{MS_B}{MS_W}$$

查单侧 F 表获得临界值，若计算的 F 值大于临界值，则说明组间变异与组内变异差异显著，且组间变异显著大于组内变异，即组间变异在总变异中所占比重更大；总变异主要是由实验处理造成的，自变量对因变量有显著影响。

>> TIPS ④

表9-2　F值的含义

	$F<1$	$F=1$	$F>1$
变异大小	组间变异所占比例较小	组间变异和组内变异所占比例相当	组间变异所占比例较大
实验处理效果	实验处理基本无效	各实验处理之间的差异不够大	各实验处理之间差异较大
是否接受 H_0	接受	接受	当 $F<F_\alpha$ 时，接受 当 $F>F_\alpha$ 时，拒绝

式中，X_{ij} 表示一个特定处理条件下的一个观测值，i 表示组内第几个被试，j 表示组数；$\bar{X}_t$ 表示总平均数；$\bar{X}_j$ 表示本组平均数。因此，每一个分数与总平均数的差异等于它与本组平均数的差异加上本组平均数与总平均数的差异。

求出每一个分数与总平均数的离差平方和，即

$$\sum_{i=1}^{n}\sum_{j=1}^{k}(X_{ij}-\bar{X}_t)^2 = $$
$$\sum_{i=1}^{n}\sum_{j=1}^{k}\left[(X_{ij}-\bar{X}_j)+(\bar{X}_j-\bar{X}_t)\right]^2$$

随后可推导出

$$\sum_{i=1}^{n}\sum_{j=1}^{k}(X_{ij}-\bar{X}_t)^2 = \sum_{i=1}^{n}\sum_{j=1}^{k}(X_{ij}-\bar{X}_j)^2 + n\sum_{j=1}^{k}(\bar{X}_j-\bar{X}_t)^2$$

其中，$\sum_{i=1}^{n}\sum_{j=1}^{k}(X_{ij}-\bar{X}_t)^2$ 反映的是全部数据的变异情况，称为总平方和，用 SS_T 表示；$\sum_{i=1}^{n}\sum_{j=1}^{k}(X_{ij}-\bar{X}_j)^2$ 反映的是每组内被试与组平均数的离差平方和，称为组内平方和，用 SS_W 表示，W 表示组内（within group）的意思；$n\sum_{j=1}^{k}(\bar{X}_j-\bar{X}_t)^2$ 反映的是每组平均数与总平均数的离差平方和，称为组间平方和，用 SS_B 表示，B 表示组间（between group）的意思。$SS_T = SS_W + SS_B$。

注意：这里的组是实验处理组而非被试组，和实验心理学中的组内、组间（被试内、被试间）是不一样的。

知识点 3　方差分析的基本假设 ★★

1. 总体正态分布

大多数变量可以假定其总体服从正态分布，一般无须正态检验。若有证据表明总体分布不是正态的，则可将数据做正态转化，或进行非参数检验。

2. 变异的来源相互独立

不同来源的变异在意义上必须明确，且彼此要相互独立。严格来讲，需要进行球形检验，这一点一般都能满足。

3. 各实验处理内方差齐性

该假设指各处理内的方差彼此应无显著差异，是方差分析中最重要的基本假定。可通过方差齐性检验来判断是否满足该假设。

》 TIPS ⑤

知识点 4　方差分析的基本步骤 ★★★

1. 检验方差齐性。

方差分析前需对各样本的方差做一致性检验，称作方差齐性检验。方差齐性检验的方法采用哈特莱（Hartley）最大 F 比率法，公式如下：

$$F_{\max} = \frac{s_{\max}^2}{s_{\min}^2}$$

求出各样本中方差最大值与最小值的比，通过查表判断方差是否齐性，若小于临界值，则说明各处理内方差齐性；反之，则说明方差不齐性。

2. 建立假设（以三组数据为例）

虚无假设：$H_0: \mu_1=\mu_2=\mu_3$；备择假设：$H_1: \mu_1, \mu_2, \mu_3$ 中至少有一个与其他值不相等。

3. 分解变异来源，计算平方和。

① 总平方和（SS_T）：所有观测值与总平均数的离差的平方总和。

$$SS_T = \sum\sum X^2 - \frac{(\sum\sum X)^2}{nk}$$

② 组间平方和（SS_B）：几个组的平均数与总平均数的离差的平方总和。

$$SS_B = \sum \frac{(\sum X)^2}{n} - \frac{(\sum\sum X)^2}{nk}$$

③ 组内平方和（SS_W）：各被试的数值与组平均数之间的离差的平方总和。

$$SS_W = SS_T - SS_B = \sum\sum X^2 - \sum\frac{(\sum X)^2}{n}$$

总而言之，方差分析的原理就是依据 F 分布与方差的可分解性，检验组间变异是否显著大于组内变异，即总变异是否由实验处理造成。通常来说，F 值有两种情况：

① $F \leqslant 1$，表示组间变异小于组内变异或与组内变异无差异，说明实验处理所造成的变异比误差因素所造成的变异小或二者无差异，实验处理基本无效或效果很小（即差异不显著），选择接受 H_0。

② $F>1$，表示组间变异大于组内变异，但二者的差异是否显著还需查单侧 F 表做进一步判断：若大于临界值，则说明组间变异显著大于组内变异，选择接受 H_1；若小于临界值，则说明差异不显著，选择接受 H_0。

方差分析的组内方差实际上是联合方差，前面 t 检验中已经说明了联合方差的出现必须要求方差齐性，否则分母中的总体方差无法提取公因式，分子、分母中的总体方差无法约分，服从 t 分布的随机变量无法构造而来，后面的检验也根本无法进行。

4. 计算自由度。

总自由度为：$df_T=N-1$，组间自由度为 $df_B=k-1$，组内自由度为 $df_W=k(n-1)=N-k$。其中，n 是行数，k 为实验处理个数。>> TIPS

5. 计算均方。

组间均方为 $MS_B=SS_B/df_B$，组内均方为 $MS_W=SS_W/df_W$。

6. 计算F值。

$$F=\frac{MS_B}{MS_W}$$

7. 查单侧F表，检验F值是否显著（若大于临界值，则说明差异显著）。

8. 陈列方差分析表。

9. 事后检验。

> **本节小结**
>
> 方差分析是处理多个总体平均数是否相等的一种假设检验方法。方差分析的原理是基于综合虚无假设和方差的可分解性。方差分析是将实验中的总变异分为组间变异和组内变异，并通过比较组间变异和组内变异的比率来确定影响实验结果因素的数学方法，其实质是以方差来表示变异的程度。方差分析有3个基本假设（总体正态分布、变异来源相互独立、方差齐性）和9个基本步骤。考生在学习本节内容时，要完整地掌握方差分析的步骤，注意均方的计算，重点在于各个自由度的计算，这是解题的关键。

第二节 单因素实验设计方差分析

知识点 1 与方差分析有关的实验设计问题 ★★★

1. 因素和处理 >> TIPS

（1）**因素**指实验中的自变量，有几个自变量就有几个因素。只有一个自变量的实验称为**单因素实验**，有两个及以上自变量的实验统称为**多因素实验**。一个因素的不同情况称为该因素的水平。

（2）**处理**指特定的实验条件。若为单因素实验，则该单一自变量有多少个水平就有多少个处理；若为多因素实验，则处理数量等于不同自变量水平的乘积。

2. 主效应和交互作用 >> TIPS

（1）**主效应**。

由一个因素的不同水平引起的变异，即**一个自变量的不同水平**对因变量产生的影响叫做主效应。例如，复习频率高的学生比复习频率低的学生的成绩要好。

k 为实验处理个数，有多少个实验处理便分多少个组，即分为 k 个组。假设每个组的数据个数分别为 $n_1, n_2, \cdots, n_k$，每个组的组内自由度为该组数据个数减 1，k 个组即最终减 k，每个组的数据个数之和为总数据数，即为 N，所以总的组内自由度为 $N-k$。

以教学方法和复习频率为例：假如教学方法可以分为机械教学和意义教学两种，复习频率可以分为高、中、低三种，则教学方法和复习频率便是两个不同的因素，或者说是两个自变量，即本实验是多因素实验。其中，教学方法有两个水平，分别是机械教学和意义教学；复习频率有三个水平，分别是高、中、低；实验处理个数为 2×3=6，即有 6 个实验处理。

单个因素即可存在主效应，即可以检验单个因素不同的水平对因变量的影响是否存在差异；而交互作用是不同的因素相互结合对因变量所产生的影响，因此至少要两个因素。当存在两个或两个以上的因素时，就要考虑是否存在交互作用，即交互作用是否显著。

（2）交互作用。

一个因素的水平在另一个因素的不同水平上变化趋势不一致的现象，即因素和因素相结合对共同因变量所产生的影响叫作交互作用。若两个因素彼此独立，即不管其中一个因素处于哪一个水平，另一个因素的不同水平均值间的差异都保持一致，则不会产生交互作用。例如，当复习频率较高时，采用机械教学的学生比采用意义教学的学生的成绩要好；而当复习频率较低时，采用机械教学的学生比采用意义教学的学生的成绩要差。

（3）简单效应。

一个因素的水平在另一个因素的某个水平上的变异，称为简单效应，或简单主效应、单纯主效应。当交互作用显著时，需进行简单效应分析。

3. 组间设计、组内设计、混合设计　　》TIPS ③

根据实验中自变量的个数，实验可以分为单因素实验和多因素实验。而根据每一个被试接受实验处理的数量，实验可以分为组间设计、组内设计和混合设计。

（1）组间设计是指每个被试（或者说每组被试）只接受一个自变量中一种水平的实验处理，也叫做被试间设计。即每个（每组）被试只接受一种实验处理，该因素也叫做被试间变量（组间变量）。

（2）组内设计是指每个被试（或者说每组被试）接受每个自变量中每一种水平的实验处理，也叫做被试内设计。即每个（每组）被试接受了全部的实验处理，该因素也叫做被试内变量（组内变量）。

（3）混合设计是指每个（每组）被试接受部分自变量中每一种水平的实验处理和其余部分自变量中一种水平的实验处理。即同时存在组间变量和组内变量。

4. 完全随机设计和随机区组设计　　》TIPS ④

根据被试分配方法，实验设计类型可以分为完全随机设计和随机区组设计两种。

（1）完全随机设计：将每个研究对象完全随机地分配到各实验处理组中，自变量的个数和组间设计类似，其方差分析表也和组间设计基本相同。

（2）随机区组设计：先将被试分为几个区组，然后每个区组中的被试完全随机地接受不同的实验处理，每个区组接受全部的实验处理。随机区组设计的原则：同一区组内被试应尽量同质，区组间尽量异质，即"组内同质，组间异质"。

与完全随机设计相比，随机区组设计最大的优点是考虑到个体差异（区组效应）并将这种差异从组内变异中分离出来，提高实

TIPS 3

这里提到的组间和组内与前面所说的组间变异、组内变异是不同的含义，这里是被试组而前面是实验处理组。

TIPS 4

①对于随机区组设计，需注意以下几点：若将一个被试作为一个区组，则相当于组内设计；若每个区组内的被试数量不止一个，则每个区组内被试的数量为实验处理数的整数倍，此时区组内每个被试只接受一种实验处理，且该区组要接受全部的实验处理。

②实验设计分类方法常采用组间、组内和混合设计三种。其中，组内设计等同于重复测量设计，即同一个被试被测量多次。这种分法也更符合方差分析的目的，即检验实验处理是否为主要影响因素，或者说实验处理效应是否为影响总变异的主要因素。因此，文中使用被试间、被试内和混合设计的方法分类，有别于其他资料中的分法，实际上这样的分法更为精确。

效率，可获得对处理效应的更加精确的估价。但是区组划分较困难，若不能保证区组内同质，则有更大的误差。

知识点 2　单因素被试间设计的方差分析 ★★★

1. 含义

（1）单因素被试间设计把被试分为若干组，每组分别接受一种实验处理，有几种处理，就相应地有几组被试，即不同的被试接受不同自变量水平的实验处理。　　» TIPS ⑤

> **TIPS ⑤**
> 在单因素被试间设计中，每个被试都接受一种实验处理，但每种处理都要被每一个被试接受，在这种情况下，就要把每种处理水平被不同被试接受时的结果分离出来。

2. 变异源分解

单因素被试间设计将总平方和分成组间平方和和组内平方和两个部分，即 $SS_T = SS_B + SS_W$，如图 9-1 所示。

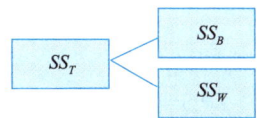

图 9-1　单因素被试间设计的变异源分解图

3. 计算

（1）建立假设（以三组数据为例）。

$H_0: \mu_1 = \mu_2 = \mu_3$；

$H_1: \mu_1, \mu_2, \mu_3$ 中至少有一个与其他值不相等

（2）计算平方和。

总变异：

$$SS_T = \sum\sum X^2 - \frac{(\sum\sum X)^2}{nk}$$

组间变异 / 处理效应：

$$SS_B = \sum\frac{(\sum X)^2}{n} - \frac{(\sum\sum X)^2}{nk}$$

组内变异：

$$SS_W = SS_T - SS_B = \sum\sum X^2 - \sum\frac{(\sum X)^2}{n}$$

当使用样本统计量计算时：

$$SS_T = \sum_{j=1}^{k}\sum_{i=1}^{n}\left(X_{ij} - \overline{X}_t\right)^2$$

$$SS_B = n \cdot \sum_{j=1}^{k}\left(\overline{X}_j - \overline{X}_t\right)^2$$

$$SS_W = \sum_{j=1}^{k}\sum_{i=1}^{n}\left(X_{ij} - \overline{X}_j\right)^2 = \sum_{j=1}^{k}n \cdot s_j^2 = n \cdot \sum_{j=1}^{k}s_j^2$$

式中，X_{ij} 表示一个特定处理条件下的一个观测值（i 行、j 列的数据），i 表示某行被试，j 表示某种实验处理水平；$\bar{X}_j$ 为某种水平下的均值；$\bar{X}_t$ 为总均值；s_j^2 为各组方差。

（3）计算自由度。

$$df_T = df_B + df_W$$

$$df_T = N-1; \quad df_B = k-1; \quad df_W = N-k = k(n-1)$$

式中，N 为总数据个数，当每组人数相同时，$N=nk$；n 为每组人数（行数）；k 为实验处理水平数（列数）。

（4）计算均方。

$$MS_B = \frac{SS_B}{df_B}, \quad MS_W = \frac{SS_W}{df_W}$$

（5）计算 F 值。

$$F = \frac{MS_B}{MS_W}$$

（6）查单侧 F 表，检验 F 值是否显著（若大于临界值，则说明差异显著）。　　　　　　　　　　　　　　　　》TIPS ⑥

（7）陈列方差分析表（见表 9-3）。

表 9-3　单因素被试间设计方差分析

变异来源	平方和	自由度	均方	F 值	p 值
组间	SS_B	$k-1$	MS_B	MS_B/MS_W	
组内	SS_W	$k(n-1)$	MS_W		
总变异	SS_T	$N-1$			

（8）事后检验。

知识点 3　单因素被试内设计的方差分析 ★★★

1. 含义

被试内设计是指每个被试接受每个自变量中每一种水平的实验处理。

2. 变异源分解　　　　　》TIPS ⑦

被试内设计中，总平方和分成组间平方和和组内平方和两个部分，而组内平方和进一步细分为个体差异和随机误差，即 $SS_T = SS_B + SS_W = SS_B + (SS_R + SS_E)$，如图 9-2 所示。

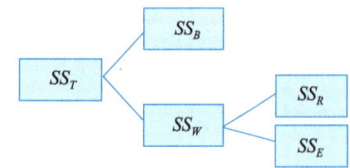

图 9-2 单因素被试内设计的变异源分解图

TIPS ⑥

查单侧 F 表，检验计算的 F 值是否显著：若 F 值显著，则 p 值小于 0.05 或 0.01（一般小于 0.05 即可），说明组间变异显著大于组内变异；反之，则说明组间变异与组内变异无显著差异。事后检验是 F 值显著后进行的进一步比较分析，本章第四节会进行详细介绍。

TIPS ⑦

被试内设计可以被进一步细分，这是因为在单因素被试内设计中，每个被试都接受所有的实验处理，且每种处理都要被每一个被试接受，在这种情况下就要把每种处理水平被不同被试接受时的结果和每个被试接受不同处理水平的结果都分离出来。在被试内设计中，所有处理使用的是同一组被试，个体差异是系统的、可预测的，因此它们可以被测量且可以从随机的、非系统的差异中分离出来，故被试内设计比被试间设计有更大的检验力。

3. 计算

（1）建立假设（以三组数据为例）。

$$H_0: \mu_1=\mu_2=\mu_3;$$

$$H_1: \mu_1, \mu_2, \mu_3 \text{ 中至少有一个与其他值不相等}$$

（2）计算平方和。

总变异：$SS_T = \sum\sum X^2 - \dfrac{(\sum\sum X)^2}{nk}$；

组间变异 / 处理间效应：$SS_B = \sum \dfrac{(\sum X)^2}{n} - \dfrac{(\sum\sum X)^2}{nk}$；

个体变异：$SS_R = \sum \dfrac{(\sum R)^2}{k} - \dfrac{(\sum\sum R)^2}{nk}$；

误差变异：$SS_E = SS_T - SS_B - SS_R$。

当使用样本统计量计算时：

$$SS_T = \sum_{i=1}^{n}\sum_{j=1}^{k}\left(X_{ij} - \overline{X}_t\right)^2$$

$$SS_B = n \cdot \sum_{j=1}^{k}\left(\overline{X}_j - \overline{X}_t\right)^2$$

$$SS_R = k \cdot \sum_{i=1}^{n}\left(\overline{X}_i - \overline{X}_t\right)^2$$

$$SS_E = \sum_{i=1}^{n}\sum_{i=1}^{k}\left(X_{ij} - \overline{X}_i - \overline{X}_j + \overline{X}_t\right)^2$$

式中，i 表示某个被试；j 表示某种实验处理水平；$\overline{X}_j$ 为某种水平下的均值；$\overline{X}_i$ 为某个被试的均值；$\overline{X}_t$ 为总均值。

（3）计算自由度。

$$df_T = df_B + df_W = df_B + (df_R + df_E)$$

式中，$df_T = nk-1$，$df_B = k-1$，$df_W = k(n-1)$，$df_R = n-1$，$df_E = df_T - df_B - df_R = (n-1)(k-1)$，$n$ 为被试人数，k 为实验处理水平数。

（4）计算均方。

$$MS_B = \dfrac{SS_B}{df_B}, \quad MS_R = \dfrac{SS_R}{df_R}, \quad MS_E = \dfrac{SS_E}{df_E}$$

（5）计算 F 值。

$$F_B = \dfrac{MS_B}{MS_E}, \quad F_R = \dfrac{MS_R}{MS_E}$$

（6）查单侧 F 表，检验 F 值是否显著（若大于临界值，则说明差异显著）。

（7）陈列方差分析表（见表9-4）。

表 9-4 单因素被试内设计方差分析

变异来源	平方和	自由度	均方	F 值	p 值
组间	SS_B	$k-1$	MS_B	$\dfrac{MS_B}{MS_E}$	
组内	SS_W	$k(n-1)$	MS_W		
被试	SS_R	$n-1$	MS_R	$\dfrac{MS_R}{MS_E}$	
误差	SS_E	$(n-1)(k-1)$	MS_E		
总变异	SS_T	$nk-1$			

（8）事后检验。

典例 1 下面的实验显示了睡眠剥夺对智力活动的影响，8 个被试同意 48 h 保持不睡眠，每隔 12 h，研究者给被试若干算术题，表 9-5 中记录了 10min 内被试正确解决的算术题的数目。

表 9-5 不同被试正确解题的算术题数目

被试	12 h	24 h	36 h	48 h
1	8	7	8	6
2	10	12	9	11
3	9	9	8	10
4	7	8	6	6
5	12	10	10	8
6	10	9	12	8
7	7	7	6	8
8	9	10	11	11

根据上述数据，研究者能否做出睡眠剥夺对被试基本智力活动有显著影响的结论？在 $α=0.05$ 水平下作假设检验。

本节小结

本节介绍了实验设计的相关概念，包括因素、水平、处理、主效应、交互作用和简单效应等；实验设计的类型包括组间设计、组内设计和混合设计，还有完全随机设计和随机区组设计。单因素被试间设计和单因素被试内设计的方差分析的步骤是相似的，主要区别在于二者对总平方和的分解，单因素被试间设计的总平方和分解成组间平方和与组内平方和；单因素被试内设计的总平方和分解成组间平方和与组内平方和，而组内平方和又进一步细分为个体差异和随机误差。

第三节　多因素实验设计方差分析

超过一个因素（自变量）的实验设计就称作多因素实验设计，这里主要介绍两因素实验设计的方差分析。

假设这两个因素分别为 A 因素和 B 因素，其中 A 因素有 a 个水平，B 因素有 b 个水平，那么实验处理个数为 k=ab。在两因素实验设计中，需同时考虑主效应和交互作用。

知识点 1　两因素被试间设计的方差分析 ★★★

1. 变异源分解

总变异首先分为组间变异和组内变异两部分，而组间变异进一步分解为 A 因素的变异、B 因素的变异以及 A 和 B 之间的交互作用。

平方和分解为 $SS_T = SS_B + SS_W = (SS_a + SS_b + SS_{a \times b}) + SS_W$，如图 9-3 所示。

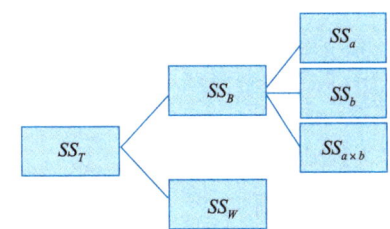

图 9-3　两因素被试间设计的变异源分解图

2. 计算

（1）建立假设

H_0：$\mu_{a1} = \mu_{a2}$，即 A 因素的主效应不显著

　　　$\mu_{b1} = \mu_{b2}$，即 B 因素的主效应不显著

A 因素对因变量的影响不因 B 因素不同水平而不同，即 A 因素和 B 因素的交互效应不显著

H_1：$\mu_{a1} \neq \mu_{a2}$，即 A 因素的主效应显著

　　　$\mu_{b1} \neq \mu_{b2}$，即 B 因素的主效应显著

A 因素对因变量的影响因 B 因素不同水平而不同，即 A 因素和 B 因素的交互效应显著

（2）计算平方和

$$SS_T = \sum\sum X^2 - \frac{(\sum\sum X)^2}{nab}$$

$$SS_B = \sum \frac{(\sum X)^2}{n} - \frac{(\sum\sum X)^2}{nab}$$

$$SS_W = SS_T - SS_B = \sum\sum X^2 - \sum \frac{(\sum X)^2}{n}$$

$$SS_a = \sum_1^a \frac{\left(\sum_1^n \sum_1^b X\right)^2}{nb} - \frac{(\sum\sum X)^2}{nab}$$

$$SS_b = \sum_1^b \frac{\left(\sum_1^n \sum_1^a X\right)^2}{na} - \frac{(\sum\sum X)^2}{nab}$$

$$SS_{a\times b} = SS_B - SS_a - SS_b$$

使用样本统计量计算：

$$SS_T = \sum_{i=1}^a \sum_{j=1}^b \sum_{k=1}^n \left(X_{ijk} - \overline{X}_t\right)^2$$

$$SS_a = nb\sum_{i=1}^a \left(\overline{X}_i - \overline{X}_t\right)^2$$

$$SS_b = na\sum_{j=1}^b \left(\overline{X}_j - \overline{X}_t\right)^2$$

$$SS_{a\times b} = n\sum_{i=1}^a \sum_{j=1}^b \left(\overline{X}_{ij} - \overline{X}_i - \overline{X}_j + \overline{X}_t\right)^2$$

$$SS_E = \sum_{i=1}^a \sum_{j=1}^b \sum_{k=1}^n \left(X_{ijk} - \overline{X}_{ij}\right)^2$$

式中，① i 表示某个被试；j 表示某种实验处理水平；k 为实验处理水平数；n 为被试人数；② SS_a 为 A 因素的平方和；SS_b 为 B 因素的平方和；$SS_{a\times b}$ 为 A 因素和 B 因素交互作用的平方和。

（3）计算自由度

$$df_T = df_B + df_W = (df_a + df_b + df_{a\times b}) + df_E$$

$$df_T = abn - 1 = N - 1, \quad k = ab$$

$$df_B = ab - 1 = k - 1$$

$$df_E = ab(n-1) = abn - ab = N - k$$

$$df_a = a - 1, \quad df_b = b - 1, \quad df_{a\times b} = (a-1)(b-1)$$

（4）计算均方

A 因素：$MS_a = \dfrac{SS_a}{df_a}$；

B 因素：$MS_b = \dfrac{SS_b}{df_b}$；

交互作用：$MS_{a\times b} = \dfrac{SS_{a\times b}}{df_{a\times b}}$；

组内均方：$MS_W = \dfrac{SS_W}{df_W}$。

（5）计算 F 值

检验 A 因素的主效应：$F_a = \dfrac{MS_a}{MS_W}$；

检验 B 因素的主效应：$F_b = \dfrac{MS_b}{MS_W}$；

检验交互效应：$F_{a\times b} = \dfrac{MS_{a\times b}}{MS_W}$。

5. 查单侧 F 表，检验 F 值是否显著（若大于临界值，则说明差异显著）

6. 陈列方差分析表（见表9-6）

表9-6　两因素被试间设计方差分析

变异来源	平方和	自由度	均方	F值	p值
组间	SS_B	$ab-1$			
A	SS_a	$a-1$	MS_a	$F_a = \dfrac{MS_a}{MS_W}$	
B	SS_b	$b-1$	MS_b	$F_b = \dfrac{MS_b}{MS_W}$	
A×B	$SS_{a\times b}$	$(a-1)(b-1)$	$MS_{a\times b}$	$F_{a\times b} = \dfrac{MS_{a\times b}}{MS_W}$	
组内（误差）	SS_W	$ab(n-1)$	MS_W		
总变异	SS_T	$abn-1$			

> **TIPS ①**
>
> 两因素被试间设计是对组间变异进行进一步分解，而被试内设计是对组内变异进行进一步分解。在具体计算过程中，要牢牢抓住自由度，这是解题的关键。另外，可利用不同的方法计算同一个自由度，看采用不同方法计算出来的自由度是否相同，进而检验计算是否正确。

7. 事后检验

知识点 2　两因素被试内设计的方差分析 ★★★

1. 变异源分解

（1）两因素（A因素和B因素）被试内设计，总变异分解为组间变异和组内变异两部分，组内变异进一步分解为A因素的变异、B因素的变异、A和B之间的交互作用以及它们三者与被试的交互作用。

（2）总平方和分解为：

$SS_T = SS_B + SS_W = SS_B + (SS_a + SS_{a\times 被试} + SS_b + SS_{b\times 被试} + SS_{a\times b} + SS_{a\times b\times 被试})$

两因素被试内设计的变异源分解如图9-4所示。

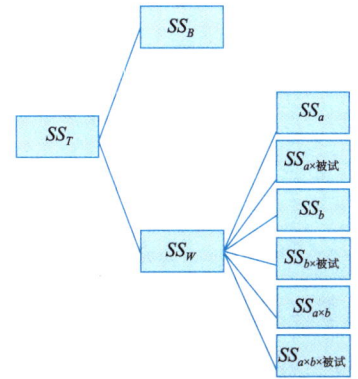

图9-4　两因素被试内设计的变异源分解图

2. 方差分析表（见表9-7） >> TIPS ②

表9-7 两因素被试内设计方差分析

变异来源	平方和	自由度	均方	F
组间变异	SS_B	$n-1$		
组内变异	SS_W	$n(ab-1)$		
A	SS_a	$a-1$	MS_a	$F_a = \dfrac{MS_a}{MS_{a\times 被试}}$
A×被试	$SS_{a\times 被试}$	$(a-1)(n-1)$	$MS_{a\times 被试}$	
B	SS_b	$b-1$	MS_b	$F_b = \dfrac{MS_b}{MS_{b\times 被试}}$
B×被试	$SS_{b\times 被试}$	$(b-1)(n-1)$	$MS_{b\times 被试}$	
A×B	$SS_{a\times b}$	$(a-1)(b-1)$	$MS_{a\times b}$	$F_{a\times b} = \dfrac{MS_{a\times b}}{MS_{a\times b\times 被试}}$
A×B×被试	$SS_{a\times b\times 被试}$	$(a-1)(b-1)(n-1)$	$MS_{a\times b\times 被试}$	
总变异	SS_T	$nab-1$		

注：A因素的水平数为 a，B因素的水平数为 b，每一个实验处理组的被试人数为 n。

知识点 3　两因素混合设计的方差分析 ★★★

1. 变异源分解

（1）两因素（A因素和B因素）混合设计，即一个因素作为被试间变量，假定为A因素，一个因素作为被试内变量，假定为B因素。总变异首先被分解为被试间平方和、被试内平方和。

（2）平方和分解为 $SS_T = (SS_a + SS_{被试(A)}) + (SS_b + SS_{a\times b} + SS_{b\times 被试(A)})$。

两因素混合设计的变异源分解如图9-5所示。

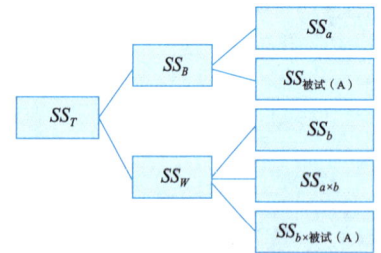

图9-5　两因素混合设计的变异源分解图

2. 陈列方差分析表　　>> TIPS ③

两因素混合设计方差分析如表9-8所示。其中，N为数据总数，$N=abn$；a 为 A 因素的水平个数；b 为 B 因素的水平个数；n 为每组人数。

TIPS ②

两因素被试内设计一般不会考查方差分析的具体计算过程，但可能会在选择题、计算题、综合题中考查根据自由度计算被试人数、根据被试人数求自由度等内容。

TIPS ③

混合设计中有两个误差项，一个是被试（A），另一个是B因素和被试（A）的交互作用。在计算F值时需要注意分母的选择。解题的关键在于找到被试间因素，以及各个变异所对应的自由度，尤其是被试（A）的自由度。

表 9-8　两因素混合设计方差分析表

变异来源	平方和	自由度	均方	F值
被试间	SS_B	$an-1$		
A	SS_a	$a-1$	MS_a	$F_a = \dfrac{MS_a}{MS_{被试(A)}}$
被试（A）	$SS_{被试(A)}$	$a(n-1)$	$MS_{被试(A)}$	
被试内	SS_w	$an(b-1)$		
B	SS_b	$b-1$	MS_b	$F_b = \dfrac{MS_b}{MS_{b×被试(A)}}$
A×B	$SS_{a×b}$	$(a-1)(b-1)$	$MS_{a×b}$	$F_{a×b} = \dfrac{MS_{a×b}}{MS_{b×被试(A)}}$
B×被试（A）	$SS_{b×被试(A)}$	$a(n-1)(b-1)$	$MS_{b×被试(A)}$	
总变异	SS_T	$N-1$		

典例2（单选）对一个 2×2×3 的完全随机设计进行方差分析，其变异源共有（　　）。

A. 6个　　B. 7个　　C. 8个　　D. 12个

典例3（单选）在研究居民收入水平与文化程度对居民消费意愿影响的 2×2 设计中，若两因素之间存在交互作用，则方差分析时交互作用的自由度为（　　）。

A. 4　　B. 3　　C. 2　　D. 1

> **本节小结**
>
> 本节主要介绍了两因素实验设计方差分析，主要包括两因素被试间设计、两因素被试内设计、两因素混合设计的方差分析。首先需要掌握不同的实验类型的总平方和的分解，其次要注意自由度的计算，最后是列出方差分析表。本节内容常以方差分析表的形式进行考查，如根据已知条件，填写方差分析表中空白内容。对于这种类型的题目，自由度的计算是突破口。

第四节　其他相关内容

知识点 1　事后检验 ★★

为什么要进行事后检验？因为如果方差分析 F 检验的结果表明差异不显著，则说明实验中的自变量对因变量没有显著影响。

相反，如果方差分析 F 检验的结果表明差异显著，拒绝了虚无假设，就说明几个实验处理组的两两比较中至少有一对平均数间的差异达到了显著水平，至于是哪一对，方差分析并没有回答。

虚无假设被拒绝的结果一旦出现，就必须对各实验处理组的多对平均数做进一步分析，进行深入比较，判断究竟是哪一对或哪几对的差异显著，哪几对不显著，确定两变量关系的本质，这就是事后检验（post hoc test）。这个统计分析过程也被称为事后多重比较。

1. 当方差分析的主效应显著时

（1）若每一个因素仅包括两个水平，则无须进行事后比较，直接报告两个水平的均值差异显著即可。

（2）若每一个因素的水平在三个以上，则需进行事后多重比较，从而判断哪一对或哪几对的差异显著，哪几对不显著。

2. 当方差分析的交互作用显著时

（1）需进行简单效应分析，分别检验一个因素在另一个因素的每一个水平上的处理效应，以便具体确定它的处理效应在另一个因素的哪些水平上是显著的，在哪些水平上是不显著的。

（2）检验每个主效应的意义不大，因为交互作用显著表明主效应是一种过度简化、没有考虑到其他因素的检验。

（3）若方差分析的交互作用不显著，则只进行主效应检验即可。

3. 常用的事后检验方法 >> TIPS ①

（1）HSD 检验法：又叫 Tukey 真实检验，其更敏感，统计检验力更强，要求各组容量相等。

（2）N-K 检验法：也称 q 检验法。

（3）Scheffe 检验：比较保守，适用于样本容量不等的情况，最大限度地降低了一类误差 α 水平，可能最安全，使用最为普遍。

（4）Ducan 多距检验法。

（5）LSD 法（费舍的最小显著差异法）：先计算出达到差异显著的最小差数，记作 LSD，然后用两个处理平均数的差与 LSD 比较，若大于 LSD，则认为二者差异显著。它的本质是 t 检验，应尽量将该方法用在两个样本的比较上。

知识点 2　协方差分析 ★

1. 协变量

（1）在实验设计阶段难以控制或无法控制的，但却对因变量产生影响的变量就叫作协变量。

（2）协变量一般是线性变量，和因变量存在线性关系，且这种线性关系在自变量的各个水平上是一致的。　　>> TIPS ②

2. 协方差分析（analysis of covariance）

对于事后检验的具体方法，一般做到再认即可，即知道有这些方法，若出现在选择题中能够正确地选出来，对于具体的计算不必太过深究。

例如，研究不同光照条件对植物幼苗生长速度的影响。由于植物幼苗的原始高度会对观测结果产生影响，因此我们可能会希望植物幼苗的原始高度相同。但是，实际中很难保证植物幼苗的原始高度相同，因此，就可以把植物幼苗的原始高度当作协变量。

（1）协方差分析是在扣除协变量影响后进行的方差分析，是把线性回归分析和方差分析结合在一起的事后统计分析方法。

（2）协方差分析是一种常用的统计控制方法，是实验控制的一种辅助手段。经过这种矫正，实验误差将减小，实验处理效应的估计更为准确。

>> TIPS ③

协方差分析的主要目的就是降低实验误差。需要注意的是，协变量不仅存在于协方差分析中，如在相关分析中，而且可以将需要控制的变量作为协变量进行分析。

知识点 3　效果量 ★★

1. 效果量的含义

效果量是反映统计检验效果大小或处理效应大小的重要指标，它表示不同处理下的总体平均数之间差异的大小，可以在不同研究之间进行比较。它不依赖于样本大小，能反映自变量和因变量的关系强度。

>> TIPS ④

通过效应量可以了解自变量作用的大小，还可以区分统计显著性和实际效果。统计显著性指标结果在 0.05 或 0.01 水平上显著，但统计显著并不代表实际结果也显著，因为统计显著性容易受样本量的影响，样本量越大，结果越显著；而效应量基本不受样本量的影响，因此可以更准确地反映自变量对因变量的影响大小。总之，统计显著性反映自变量有无作用，效应量反映自变量作用的大小。所以，效应量是对统计显著性检验的补充。效果量的正负号表示效应的方向，绝对值表示实际的效应大小。

2. 类别

（1）以科恩提出的 d 值为代表的标准化差异指标，包括科恩提出的 d 值，赫奇提出的 g 值。这类统计量适用于检验两个特定组之间的差异。

（2）以 η^2 为代表的方差解释比例指标，包括 η^2、偏 η^2 等，表示因变量的变异中有多少变异能被某自变量解释。这类统计量关注总体检验的效应量大小。

（3）r 值，包括皮尔逊相关、斯皮尔曼相关、点二列相关、phi 相关等在内的一系列相关系数；以及优势比，包括优势比、相对风险、风险差异等。

3. 常用效果量指标的计算

（1）单样本的 t 检验，效应量的计算公式为：

$$\text{Cohen's } d = \frac{\overline{X} - \mu}{S}$$

（2）两个独立样本间差异检验效果量的计算

①科恩的 d 值

$$d = \frac{m_1 - m_2}{s_{poled}}$$

$$s_{poled} = \sqrt{\frac{(n_1-1)s_1^2 + (n_2-1)s_2^2}{n_1 + n_2}}$$

式中：m_1 和 m_2 分别表示组 1 和组 2 的均值；s_1 和 s_2 分别表示两组各自的标准差；s_{poled} 表示两组合并后的标准差；d 表示相较于两组各自的分数变异，两组的均值差异有多大。

如果 t 值已知，也可直接用下面的公式计算效果量 d 值：

$$d = \sqrt{\frac{t(n_1+n_2)}{(n_1+n_2-2)n_1 n_2}}$$

上式中的 s_{poled} 是总体标准差的有偏估计值，因此 d 也是真实效应量的有偏估计值。

②**赫奇的 g 值（无偏估计值）**

$$g = \frac{m_1 - m_2}{s_{poled-unbiased}}$$

$$s_{poled-unbiased} = \sqrt{\frac{(n_1-1)s_1^2 + (n_2-1)s_2^2}{n_1 + n_2 - 2}}$$

如果 t 值已知，也可直接用下面的公式计算效果量 g 值：

$$d = \sqrt{\frac{t(n_1+n_2)}{n_1 n_2}}$$

（3）两个相关样本间差异检验效果量的计算

$$d = \frac{m_1 - m_2}{\sqrt{\dfrac{\sum D^2 - \dfrac{(\sum D)^2}{N}}{N-1}}}$$

式中：D 表示两次测试分数之差。

如果 t 值已知，也可直接用下面的公式计算效果量：

$$d = \frac{t}{\sqrt{n}}$$

d 值小于 0.2 为较小的效应量，d 值在 0.5 左右为中等的效应量，d 大于 0.8 为较大的效应量。

（4）**三个及以上独立样本的效果量计算**

①**η^2 的含义及其计算公式**

η^2 表示因变量的总变异有多少能被某一自变量解释。如果有多个自变量，则每个自变量的 η^2 都对应的是该自变量带来的变异与因变量总变异的比例。其计算公式为：

$$\eta^2 = \frac{SS_{处理}}{SS_{总}}$$

②**偏 η^2 的计算公式**

在多因素实验设计中，单个自变量的效应量需要使用偏 η^2，以排除其他非误差变异，即其他因素引起的处理效应、交互作用的处理效应等。偏 η^2 的计算公式为：

$$偏\eta^2 = \frac{SS_{处理}}{SS_{处理} + SS_{误差}}$$

如果 F 值和相应的自由度已知，也可使用下式计算偏 η^2：

$$偏\eta^2 = \frac{Fdf_{处理}}{Fdf_{处理} + df_{误差}}$$

③三个及以上相关样本的效果量计算

相关样本中，η^2 和偏 η^2 的计算与独立样本是一样的；不同之处在于独立样本中，所有检验用的都是同一个误差项；但在被试内实验设计中，每个效应都有自己独立的误差项。

η^2=0.01，代表小效应量；η^2=0.06，代表中效应量；η^2=0.14，代表大效应量；

典例 4（单选）下列关于效果量的表述，错误的是（　　）。

A. 效果量是 H_1 不为真的程度
B. 效果量提供了差异大小的信息
C. 效果量是实验处理的效应大小
D. 效果量反映自变量与因变量关系的程度

知识点 4　样本量的计算 ★★

1. 确定样本容量的意义

（1）样本容量过小，会影响样本的代表性，使抽样误差增大而降低了调查研究推论的精确性；而样本容量过大，虽然减小了抽样误差，但可能增大过失误差，而且无意义地增大经费开支。

（2）样本容量与抽样误差之间并不存在线性关系。随着样本容量的增大，抽样误差减小的速度越来越慢。

因此，根据调查研究的要求确定了样本容量之后，如果样本较小，适当增加一些被试可以明显减小标准误，提高抽样效果，同时经费并不一定增加很多；如果确定的样本较大，则不宜随便增加被试。

2. 确定样本容量应考虑的因素

（1）参数估计

当 α 确定后（0.05 或 0.01），决定样本容量的有两个因素：**总体标准差 σ 和最大允许误差 d**。

$$n = \left(\frac{Z_{\alpha/2} \cdot \sigma}{d}\right)^2$$

$$d = \left|\overline{X} - \mu\right|$$

（2）假设检验

$$n = \left[\frac{(Z_{\alpha/2} + Z_\beta) \cdot \sigma}{\delta}\right]^2$$

$$\delta = \mu_{\overline{X}} - \mu_0$$

在平均数的假设检验中，确定了 α 和 β 之后（由研究者确定），**样本容量 n 取决于总体标准差 σ 和所假设的差异 δ**。

3. 确定样本容量的方法

（1）参数估计

通过样本平均数来估计总体平均数的参数估计中样本量的计算

①在样本平均数的分布中 $\frac{|\bar{X}-\mu|}{SE_{\bar{X}}}=Z_{\alpha/2}$，当 $\alpha=0.05$ 或 0.01 时，$Z_{\alpha/2}=1.96$ 或 2.58，此时 $|\bar{X}-\mu|=d$，而 $SE_{\bar{X}}=\frac{\sigma}{\sqrt{n}}$，因此，$\frac{d}{\frac{\sigma}{\sqrt{n}}}=Z_{\alpha/2}$（$\alpha=0.05$ 或 0.01），则 $n=\left(\frac{Z_{\alpha/2}\cdot\sigma}{d}\right)^2$。

②当 σ 未知时，则使用公式 $n=\left(\frac{t_{\alpha/2}\cdot s}{d}\right)^2$。

在实践中为了简便，当样本容量 n 估计不会很小时，直接就按公式 $n=\left(\frac{Z_{\alpha/2}\cdot s}{d}\right)^2$ 计算。

（2）假设检验

①样本平均数与总体平均数的差异检验

根据 α 和 β 的关系，如图 9-6 所示。

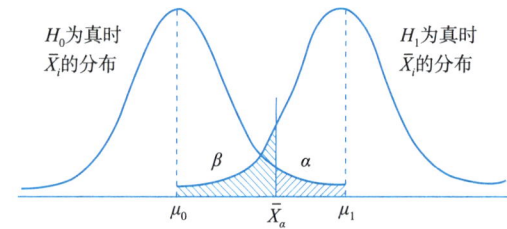

图 9-6 α 和 β 的关系

某总体平均数为 μ_0，样本平均数为 $\bar{X}$，当 H_0 为真时，意味着 $\bar{X}$ 所代表的总体平均数 $\mu_{\bar{X}}$ 与 μ_0 重合，即 $H_0:\mu_{\bar{X}}=\mu_0$，这时如果拒绝 H_0，则犯 α 型错误：

$$\frac{\bar{X}-\mu_0}{SE_{\bar{X}}}=Z_{\alpha/2}$$

当 H_1 为真时，意味着 $\mu_{\bar{X}}$ 与 μ_0 有差异 $H_1:\mu_{\bar{X}}\neq\mu_0$，这时若拒绝 H_1，则犯 β 型错误：

$$\frac{\mu_{\bar{X}}-\mu_0}{SE_{\bar{X}}}=Z_{\beta}$$

两式相加（一般设 H_0 和 H_1 分布的标准误相同），可得

$$\frac{\mu_{\bar{X}}-\mu_0}{SE_{\bar{X}}}=Z_{\alpha/2}+Z_{\beta}$$

即 $\frac{\mu_{\bar{X}}-\mu_0}{\frac{\sigma}{\sqrt{n}}}=Z_{\alpha/2}+Z_{\beta}$。令 $\mu_{\bar{X}}-\mu_0=\delta$，则

TIPS ⑤

确定样本容量的方法包括用公式计算样本容量和查表确定样本容量，这里只介绍前一种方法；且都只考虑总体是无限总体的情况。

$$n = \left[\frac{(Z_{\alpha/2} + Z_\beta) \cdot \sigma}{\delta}\right]^2$$

② **两个样本平均数的差异检验**   » TIPS ⑥

计算公式为：

$$n_1 = n_2 = 2\left[\frac{(Z_{\alpha/2} + Z_\beta) \cdot s_p}{\delta}\right]^2$$

式中，s_p^2 为联合方差；n_1，n_2 分别为两个样本的容量。

> **本节小结**
>
> 本节主要介绍了事后检验、协方差分析、效果量和样本量的计算。事后检验是通过多重比较的方式来确定具体是哪一对均值之间差异显著；当交互作用显著时，需进一步进行简单效应分析。协方差分析主要是降低实验误差，使得结果更可信。效果量反映的是因变量受某事物作用后的差异程度。在参数估计和假设检验中，样本量的计算稍有不同。考生要注意理解、区分这些概念。

TIPS ⑥

在应用上述公式时，要注意单、双侧问题，Z_α 依单、双侧检验而有不同的值，而 Z_β 则均按单侧求之，β 在事先定为多少合适，并无固定准则，一般规定为 0.10、0.20 或 0.30 的占多数。

名词总结

方差分析	变异分析	自变量	因变量
综合虚无假设	方差的可分解性	总平方和	组间平方和
组内平方和	实验处理效应	个体差异	随机误差
均方	组间均方	组内均方	显著性水平
方差分析表	事后检验	因素	水平
处理	主效应	交互作用	简单效应
组间设计	组内设计	混合设计	组间变量
组内变量	顺序效应	练习效应	疲劳效应
完全随机设计	随机区组设计	自由度	单因素实验设计
多因素实验设计	多重比较	简单效应分析	协变量
协方差分析	样本量计算		

第十章 χ^2 检验

 **知识导读**

χ^2 检验是最常用的非参数检验方法，本章先介绍了 χ^2 检验的含义、基本假设、计算公式及操作步骤；然后介绍了 χ^2 检验中最常用的两种检验，即配合度检验（也称拟合度检验）和独立性检验；最后简单介绍了同质性检验。

在心理学考研中，本章统考和自命题考查的要求稍有不同，统考多次考到计算大题，而很多自命题院校对本章节几乎不考，因此建议考生结合目标院校历年真题进行复习。考生在学习本章内容时，需要能够根据题目给出的条件选用合适的检验方法，重点掌握配合度检验和四格表的独立性检验的计算。

 **知识地图**

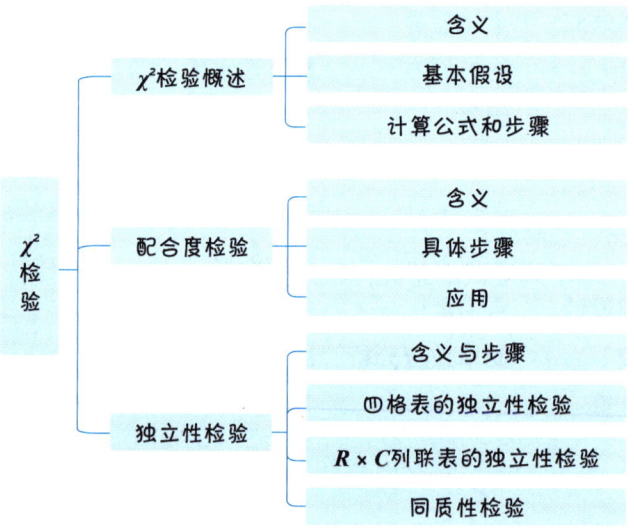

知识精讲

第一节 χ^2 检验概述

知识点 1　χ^2 检验的含义 ★★

（1）皮尔逊卡方检验是基于 χ^2 分布对计数数据进行检验的方法，对计数数据总体的分布形态不做任何假设，因此属于非参数检验。这种检验的原理是根据 1899 年统计学家皮尔逊推导的理论公式而来的，这是 χ^2 检验中的一种用途广泛的情况，本章提到的所有 χ^2 检验均为皮尔逊卡方检验。χ^2 检验又称列联表分析或交叉表分析、百分比检验。

（2）χ^2 检验能够处理一个因素两项或多项分类的实际频数与所期望的理论频数分布是否一致的问题。　　　　　　　» TIPS ①

①实际频数：在实验或调查中得到的计数资料，又称实际数、实计数、观察频数。

②理论频数：根据概率原理、某种理论、某种理论次数分布或经验次数分布计算出来的次数，又称为期望次数。一般可用（实验总次数）×（某一结果出现的理论概率）进行计算。

（3）χ^2 检验可以细分为配合度检验（拟合优度检验）、独立性检验、同质性检验等类型，这里重点介绍配合度检验（拟合优度检验）和独立性检验。

知识点 2　χ^2 检验的基本假设 ★★

（1）分类相互排斥，互不包容：每个观测值只能被划分到一个类别当中。

（2）观测值相互独立：确保观测值之间相互独立最保险的做法是让观测值的总数等于实验中不同被试的总数，即要求每个被试只有一个观测值。　　　　　　　　　　　　　　　　　　　　　» TIPS ②

（3）期望次数的大小：期望次数是虚无假设成立时的数值，每个单元格中的期望次数至少在 5 个以上；或遵循每一个类别的理论次数不小于 1，且分类中不超过 20% 的类别的理论次数可以小于 5 的原则。

当单元格的次数过少时，需要进行小期望次数的连续性校正，处理方法有以下几种：

①合并单元格：通过调整分类方式，将部分期望次数较少的单元格合并，增加期望次数。

②增加样本量：通过直接增加样本量来增加期望次数。

一枚正反两面的硬币抛 100 次，理论上说，正面朝上和反面朝上的次数皆为 50 次，实际操作时，结果可能是正面朝上 56 次，反面朝上 44 次，而 χ^2 检验就是比较实际频数和理论频数之间的差异是否显著。

比如一个被试对某一个品牌的选择对另一个被试的选择没有影响。

③**去除样本**：若无法增加样本，则可剔除次数偏少且不具有分析与研究价值的被试类别。

④**使用校正公式**：在 2×2 列联表检验中，若单元格的期望次数低于 10 但高于 5，则可使用耶茨校正公式加以校正；若期望次数低于 5 或样本总人数低于 20，则使用费舍精确概率检验法。当单元格内容涉及重复测量设计时，使用麦内玛检验。

知识点 3　χ^2 检验的计算公式和计算步骤 ★★

1. 基本公式

$$\chi^2 = \sum \frac{(f_o - f_e)^2}{f_e}$$

式中，f_o 为实际频数；f_e 为理论（期望）频数。

2. 具体步骤

（1）列出两类假设。χ^2 检验通常采用双侧检验，两类假设如下：

$$H_0: f_o = f_e\ ;\ H_1: f_o \neq f_e$$

（2）计算理论频数与自由度。

（3）计算 χ^2 值。

（4）根据自由度查 χ^2 表并与临界值比大小。　≫ TIPS ③

本节小结

χ^2 检验是基于卡方分布对计数数据进行检验的方法，能够解决一个因素两项或多项分类的实际频数与所期望的理论频数分布是否一致的问题。χ^2 检验有三个基本假设、四个具体步骤。其计算公式为实际频数与理论频数之差的平方再除以理论频数。

第二节　配合度检验

知识点 1　配合度检验的含义 ★★★

（1）**配合度检验**也叫**拟合优度检验**，主要用于检验**单一变量**的实际观察次数分布与某理论次数是否有差别。由于它检验的内容仅涉及一个因素多项分类的计数资料，所以可以说是一种单因素检验。

（2）这一检验主要用于在已知总体分布的条件下测试样本分布与总体分布的一致性（无差假说检验），或在未知总体分布的情况下探索样本分布与某理论分布的一致性（拟合优度检验）。

知识点 2　配合度检验的具体步骤 ★★★

1. 统计假设

配合度检验的研究假设是实际观察次数与某理论次数之间差异

χ^2 检验虽然是双侧检验，但因为公式中是实际频数与理论频数差值的平方，所以无论是实际频数大还是理论频数大，只要二者的差异越大，卡方值就越大。因此在具体查表检验时，根据单侧表（右侧）查临界值，进而比较差异是否显著，需要关注的是实际频数与理论频数之间的差异是否足够大。

显著，虚无假设为实际观察次数与理论次数之间无差异或相等。它涉及某总体的分布是否与某种分布相符合，不涉及总体参数问题。

$$H_0: f_o = f_e; \quad H_1: f_o \neq f_e$$

2. 计算理论次数

根据某种概率分布（包括理论分布和经验分布），按一定的概率计算理论次数。

3. 确定自由度

自由度与两个因素有关：分组变量（分类）的数目，计算理论次数所用到的观察值统计量的数目。一般情况下，二者相减即为所求自由度，即 $df=C-1$，C 为分组数目。

不过对于计量数据分布（如正态拟合检验），需要用到总数、平均数、标准差，这种情况下，自由度为分组数目减3，即 $df=C-3$。

4. 计算 χ^2 值

$$\chi^2 = \sum \frac{(f_o - f_e)^2}{f_e}$$

5. χ^2 值的连续性校正

当期望次数小于5时，需要进行校正，可采用耶茨连续性校正公式，具体如下：

$$\chi^2 = \sum \frac{(|f_o - f_e| - 0.5)^2}{f_e}$$

6. 查 χ^2 表，单侧检验，做出决策并解释结果

知识点 3 配合度检验的应用 ★★★

1. 检验无差假说

这里讲的无差假说，是指各项分类的实计数之间没有差异，即假设各项分类之间的机会相等或概率相等，因此理论次数完全按概率相等的条件计算，即

$$理论次数 = 总数 \times \frac{1}{分类项数}$$

2. 检验假设分布的概率

（1）假设某因素各项分类的次数分布为正态，检验实际频数与理论上期望的结果之间是否有差异。

（2）因为已假定所观察的资料是按正态分布的，故应按正态分布概率分别计算各项分类的理论次数。

（3）具体方法是先按正态分布理论计算各项分类应有的概率，再乘以总数，便得到各项分类的理论次数。

典例1 近一个世纪以来，某城市的居民患抑郁症、焦虑症、

强迫症的比例非常接近。近期，临床心理学家为了考察该城市居民的心理健康状况，进行了一项调查研究。结果发现，抑郁症患者85人，焦虑症患者124人，强迫症患者91人。请问该城市居民三种神经症患者的比例是否发生了明显变化（$\chi^2_{0.05(2)}=5.59$，$F_{0.05(3,2)}=9.55$，$Z_{0.05}=1.96$）。

> **本节小结**
>
> 配合度检验用于检验单因素多项分类的理论频数和实际频数是否存在差异，其基本步骤是首先设定统计假设，其次计算理论频数，接着确定自由度，然后计算χ^2值，最后查χ^2表，做出决策并解释结果。配合度检验的应用主要有检验无差假说、检验假设分布的概率。

第三节 独立性检验

知识点 1 独立性检验的含义与步骤 ★★

1. 独立性检验的含义

独立性检验主要用于**两个或两个以上因素多项分类**的计数资料分析，也就是研究两类变量之间的**关联性和依存性问题**。

独立性检验又称**列联表分析**，多以$R \times C$列联表（R行C列，如2行3列表示为2×3）的形式呈现。若检验结果显著，则说明两因素相关；反之，则说明两因素相互独立。　　▶▶ TIPS ①

2. 独立性检验的具体步骤

（1）**提出两类假设**。

H_0：两因素之间相互独立；

H_1：两因素之间存在相关

（2）**计算期望次数**。

以2×2列联表（如表10-1所示）为例：

表10-1　2×2列连表

		因素 A	
		分类1	分类2
因素 B	分类1	A	B
	分类2	C	D

A，B，C，D分别为表格内各个分类项的实际频数，每一格的理论频数计算如下：

$$f_e = \frac{f_{xi} \cdot f_{yi}}{N}$$

式中，f_{xi}为该格所在行的总次数；f_{yi}为该格所在列的总次数；N为总

TIPS ①

独立性检验常用于检测从样本得到的两个或多个观测值变量间的关联性，如检验身高和体重之间是否有关联；或用于解释某一自变量的不同分类在另一变量的不同水平上的一致或差异。

数据的个数。以表格中的 A 为例：$f_{xi}=A+B$，$f_{yi}=A+C$，$N=A+B+C+D$。

（3）计算自由度。

以两因素列联表为例，其自由度与两变量各自的分类项数有关；计算时用每一行的分类项数减 1 的差与每一列的分类项数减 1 的差相乘：

$$df=(R-1)(C-1)$$

（4）计算 χ^2 值。

一般可以用公式 $\chi^2=\sum\dfrac{(f_o-f_e)^2}{f_e}$ 计算 χ^2，但该公式需要计算理论次数，在许多条件下运算较为复杂。

此时可以使用公式 $\chi^2=N\left(\sum\dfrac{f_{oi}^2}{f_{xi}\cdot f_{yi}}-1\right)$，式中：$f_{oi}$ 表示该单元格的项数，f_{xi} 表示该单元格对应行的频数和，f_{yi} 表示该单元格对应列的频数和，N 为总的观察数目。

（5）查单侧表做出决策并解释结果。

若实测值更小，则接受 H_0，认为变量间独立、差异显著、无关联；反之，则拒绝 H_0，认为变量间有关联、不独立。

典例 2（单选）对 R 行 C 列的列联表进 χ^2 分析，其自由度为（　　）。

A. $R\times C$　　　　　　B. $(R+C)-1$
C. $R\times C-1$　　　　　D. $(R-1)\times(C-1)$

知识点 2　四格表的独立性检验 ★★★

四格表是指 2×2 列联表，可被视作 $R\times C$ 列联表的一种特殊形式。四格表的独立性检验无须计算期望次数，其关键在于 χ^2 值的计算，主要分为独立样本和相关样本两种情况。

1. 独立样本　　　

具体表格可参考表 10-1 的内容，χ^2 值的计算如下：

$$\chi^2=\dfrac{N(AD-BC)^2}{(A+B)(A+C)(B+D)(C+D)},\ df=(R-1)(C-1)-1$$

若列联表中某格的理论次数小于 5，一般需进行耶茨校正：

$$\chi^2=\dfrac{N(|AD-BC|-N/2)^2}{(A+B)(A+C)(B+D)(C+D)}$$

2. 相关样本　　　

具体表格可参考表 10-1 的内容，χ^2 值的计算如下：

TIPS 2

此处 χ^2 值的计算与之前四格表相关系数（Φ 系数）的计算公式十分类似，Φ 系数的计算如下：

$$r_\Phi=\dfrac{AD-BC}{\sqrt{(A+B)(A+C)(B+D)(C+D)}}$$

因此，可将两个公式联合理解记忆，$\chi^2=N\cdot r_\Phi^2$。

TIPS 3

相关与独立是看列联表两因素是否一样，若一样则为相关，相关中的字母 A，D 不能用位置来说明，而是指四格表中两次调查中分类项目不同的那两个的实计次数。例如，如果因素 A 与因素 B 分别代表两道题目不同的试题，A 便表示做对 A 试题但没有做对 B 试题的人，D 便代表做对 B 试题但没有做对 A 试题的人。注意：与上述计算独立样本的公式中的 A、D 不同。

$$\chi^2 = \frac{(A-D)^2}{(A+D)}, \quad df = (R-1)(C-1) = 1$$

若列联表中某格的理论次数小于5，校正公式如下：

$$\chi^2 = \frac{(|A-D|-1)^2}{(A+D)}$$

典例 3 有80名观众接受调查，观看比赛前后，他们对比赛的态度如表10-2所示。

表10-2 态度调查表1

	支持	不支持
观看比赛前	30	10
观看比赛后	15	25

问观看比赛前后，观众的态度是否有差异？

典例 4 有40名观众接受调查，观看比赛前后，他们对比赛的态度如表10-3所示。

表10-3 态度调查表2

	观看比赛后支持	观看比赛后反对
观看比赛前支持	30	10
观看比赛前反对	15	25

问观看比赛前后，观众的态度是否有差异？

知识点 3　$R \times C$ 列联表的独立性检验 ★★★

$R \times C$ 列联表的独立性检验有两种计算公式：

$$\chi^2 = \sum \frac{(f_{oi} - f_{ei})^2}{f_{ei}}$$

$$\chi^2 = N\left(\sum \frac{f_{oi}}{f_{xi}f_{yi}} - 1\right)$$

式中，f_x 和 f_y 分别为对应行和列的边缘次数。推荐使用第2个计算公式，无须计算期望次数。

知识点 4　同质性检验 ★

1. 同质性检验的含义

同质性检验的主要目的在于检定不同人群母总体在某一个变量的反应是否具有显著差异。当用同质性检验检测双样本在单一变量的分布情形时，如果两样本没有差异，就可以说两个母总体是同质的，反之，则说这两个母总体是异质的。

2. 同质性检验与独立性检验的区别

（1）同质性检验与独立性检验的方法基本相同，但检验的目的不同。

（2）独立性检验是对同一样本的若干变量关联情形的检验，目的在于判断数据资料是相互关联还是彼此独立；同质性检验则是对两个样本同一个变量的分布状况的检验，要对几个样本数据是否同质做出统计推断。

> **本节小结**
>
> 独立性检验用于检验多个因素之间是否有关联。比较重要的独立性检验有四格表的独立性检验和 $R \times C$ 列联表的独立性检验；四格表的独立性检验分为两种情况，即独立样本和相关样本，其计算方式不同。同质性检验是一种与独立性检验方法基本相同，但检验目的不同的检验方法。本节要重点掌握四格表的独立性检验。

名词总结

χ^2 检验	计数数据	实际频数	理论频数
配合度检验	无差	假说	拟合优度检验
独立性检验	$R \times C$ 列联表	四格表	同质性检验

第十一章 非参数检验

参数检验要求总体正态分布、总体间方差同质,在实际研究中如果无法达到这些要求,就需要使用非参数检验。本章先介绍了非参数检验的含义和特点,然后介绍了除 χ^2 检验之外,几种常用的非参数检验方法,包括独立样本均值差异的非参数检验、配对样本的非参数检验和等级方差分析。

在心理学考研中,对本章内容的考查相对较少,主要以客观题的形式进行考查。考生在学习本章内容时,可以将每种非参数检验方法与相对应的参数检验方法进行对比学习,掌握各种非参数检验方法的应用原则;对于具体的计算公式,重点掌握秩和检验法和等级方差分析。

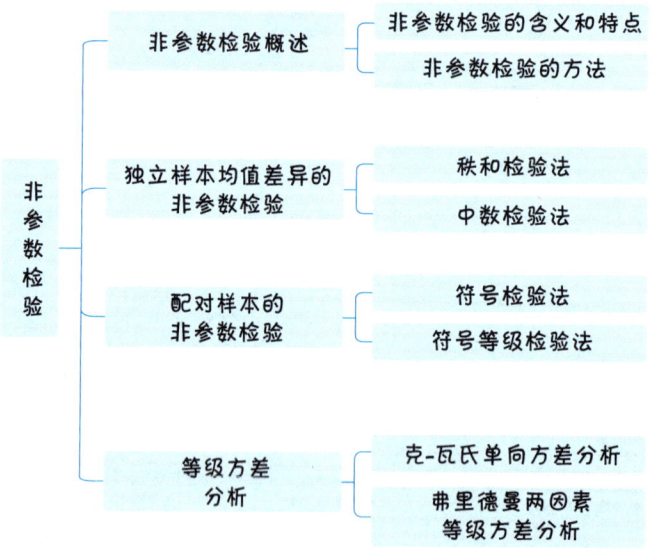

第一节　非参数检验概述

知识点 1　非参数检验的含义及特点 ★★

1. 非参数检验的含义

（1）当总体（样本）的分布不能通过有限的几个参数确定时，就属于非参数模型，这时就需要用到非参数检验。

（2）非参数检验是对总体分布没有严格假设的检验方法，又称任意分布检验，是指在总体的分布形式知之甚少时对总体的形式及其他特征所进行的假设检验。　　>> TIPS ①

皮尔逊 χ^2 检验便是非参数检验的一种。这里所说的"总体的分布形式知之甚少"主要指的是总体为非正态分布或者是无法确定总体是正态分布。

2. 非参数检验的特点

（1）优点

①一般不需要严格的前提假设。

②尤其适用于等级变量（顺序数据）。

③尤其适用于小样本，且方法简单。

（2）缺点

①未能充分利用资料的全部信息，检验效能较低。

②目前还不能处理交互作用。

知识点 2　非参数检验的方法 ★★

非参数检验的类别很多，在本章介绍的内容中，每一种非参数检验都对应一种参数检验，具体如表 11-1 所示。

表 11-1　非参数检验与参数检验的对应关系

非参数检验	适用条件	对应的参数检验
秩和检验法	独立样本，且总体非正态或为顺序数据	独立样本 t 检验
中数检验法		
符号检验法	配对样本，且总体非正态或为顺序数据	配对样本 t 检验
符号等级检验法		
克-瓦氏单向方差分析	完全随机设计，总体非正态或顺序数据	完全随机设计方差分析
弗里德曼两因素等级方差分析	随机区组设计，总体非正态或顺序数据	随机区组设计方差分析

本节小结

非参数检验是对总体分布没有严格假设的检验方法，常用于统计量信息较少，尤其是称名数据、顺序数据的统计，因此非参数检验信息利用不充分，不能处理交互作用。考生要注意各种参数检验和非参数检验方法的对应关系。

第二节 独立样本均值差异的非参数检验

知识点 1 秩和检验法 ★★

1. 秩和检验法的含义

（1）**秩和检验法**，又称维尔克松两样本检验法、曼－惠特尼 U 检验。

（2）秩表示的是数据经**从小到大**排序后的等级，秩和则表示等级之和。

（3）这一方法对应于**独立样本 t 检验**，在总体为非正态分布，或两独立样本均为顺序数据的条件下非常适用。

2. 计算过程

（1）两样本容量均小于或等于 10

①将两样本数据混合并从小到大排序，求每个数据的秩次。
>> TIPS ①

②**求容量较小的样本的秩和**，结果记为 T。

③查表决策，根据两个样本的容量分布查表得出临界值 T_1 和 T_2，若 $T \leq T_1$ 或 $T \geq T_2$，则两样本差异显著；若 $T_1 < T < T_2$，则差异不显著。

（2）两样本容量均大于 10

前两个步骤与方法 1 相同，但此时秩和 T 的分布接近正态分布，因此使用近似 Z 检验：

$$Z = \frac{T - \mu_T}{\sigma_T}$$

其平均数和标准差如下：

$$\mu_T = \frac{n_1(n_1 + n_2 + 1)}{2}, \quad \sigma_T = \sqrt{\frac{n_1 n_2(n_1 + n_2 + 1)}{12}}$$

式中，T 为较小样本容量的等级和；n_1 为较小样本的容量；n_2 为较大样本的容量。

若出现相等秩次情况，则需要使用校正公式：

$$Z = \frac{|T - \mu_T| - 0.5}{\sigma_T}$$

$$\mu_T = \frac{n_1(n_1 + n_2 + 1)}{2}, \quad \sigma_T = \sqrt{\frac{n_1 n_2(n_1 + n_2 + 1)}{12}\left[1 - \frac{\sum(t_k^3 - t_k)}{(n_1 + n_2)^3 - (n_1 + n_2)}\right]}$$

式中，t_k 为第 k 个相同等级中相同值的个数。

查正态分布表，若 $Z > Z_{\alpha/2}$ 则两样本差异显著，反之则不显著。

典例 1 两组被试参加数学竞赛，其中一组为控制组，另一组

TIPS ①

当两个数据值相同时，通常将原本样本序号小的数据的秩排在前面，也可将秩统计量"平分"至相同值的各数据上。

为实验组，得分如下：

控制组：56，62，42，72，76；

实验组：68，50，84，78，46，92。

检验两组的得分之间是否存在差异。

知识点 2　中数检验法 ★

1. 中数检验法的含义

（1）中数检验法与秩和检验法的适用条件基本相同，对应着参数检验中两独立样本平均数之差的 t 检验。

（2）中数检验法是将中数作为集中趋势的量度，因而其虚无假设（H_0）为：两个独立样本是从具有相同中数的总体中抽取的。

2. 计算过程　　▶ TIPS ②

①将两组样本数据混合从小到大排列，计算中数。

②分别计算两个样本中大于该中数和小于该中数的数据个数，将结果列成四格表。

③对四格表进行 χ^2 检验。若 χ^2 检验结果显著，则说明两样本的差异显著。

典例 2　（单选）对两个独立样本的平均数进行非参数检验，可使用的方法有（　　）。

A. 秩和检验法　　　　　B. 符号检验法

C. 中数检验法　　　　　D. 等级方差分析

本节小结

本节主要介绍了独立样本均值差异的非参数检验，包括秩和检验法和中数检验法。

中数检验法在具体计算过程中需注意以下三点。

（1）中数检验法可以看作 χ^2 检验中独立样本的四格表检验，且其自由度 $df=1$。

（2）等于中数的数据个数不计入四格表。

（3）由于中数检验法需要借助 χ^2 检验，因此存在小期望次数时，即任一单元格中期望次数小于 1 或超过 20% 的单元格中期望次数小于 5 时，不可使用。

第三节　配对样本的非参数检验

知识点 1　符号检验法 ★★

1. 符号检验法的含义

（1）符号检验法是以正负符号作为资料的一种非参数检验方法，适用于检验两个总体分布未知的配对（相关）样本平均数的差异，与参数检验中配对样本差异显著性 t 检验相对应。

（2）符号检验法也是将中数作为集中趋势的量度，虚无假设是配对资料差值来自中位数为零的总体。具体而言，它是将两样本每对数据之差用正负号表示，若两样本没有显著性差异，则正差值与负差值应大致各占一半。

2. 计算过程

（1）小样本（数据对数 N ≤ 25）

①计算每对数据之差：$D=X_i-Y_i$，记录其符号（"+"或"-"），不计其大小。

②正号的个数记为 n_+，负号的个数记为 n_-，差为 0 则不计入在内。$N=n_++n_-$，$r=\min\{n_+, n_-\}$，即 n_+ 和 n_- 中较小的记作 r。

③根据 N 的值查 r 表得其临界值，并与计算的 r 值比较，若 r 大于临界值，则说明差异不显著，即接受 H_0。　　>> TIPS ①

（2）大样本（数据对数 N > 25）

① n_+ 和 n_- 的计算相同，n_+ 和 n_- 符合二项分布，

②当 $N > 25$ 时，可将二项分布近似看作正态分布，使用 Z 检验。

$$Z = \frac{r-\mu}{\sigma}$$ 　　>> TIPS ②

式中：$\mu = Np = \dfrac{N}{2}$，$\sigma = \sqrt{Npq} = \dfrac{\sqrt{N}}{2}$。

为了更接近正态分布，常使用校正公式：

$$Z = \frac{(r\pm 0.5)-\mu}{\sigma}$$

典例 3　9 名同学期中考试成绩为：85，88，87，86，82，82，70，72，80；期末考试成绩为：90，84，87，85，90，94，85，88，92。检验其两次成绩是否存在差异。

知识点 2　符号等级检验法 ★★

1. 符号等级检验法的含义

符号等级检验法，又称符号秩和检验、维尔克松检验法、维尔克松 T 检验，精度比符号检验法高，也适用于配对比较，在考虑差值符号的同时还考虑差值的大小。

2. 计算过程

（1）小样本（数据对数 N ≤ 25）

①计算每对数据之差，并将差值按绝对值 $|D|=|X_i-Y_i|$ 从小到大进行等级排列（0 不计入在内）。

②在各个等级前加上差值的正负号。

③分别求出带正号的等级和（T_+）与带负号的等级和（T_-），取两者之中较小的记作 T，即 $T = \min(T_+, T_-)$。

④根据 N（差值不为 0 的数据对数）查 T 表得其临界值，并与计算的 T 值比较，若 T 大于临界值，则说明差异不显著。

（2）大样本（数据对数 N > 25）

当 $N > 25$ 时，T 的分布近似正态分布，使用 Z 检验。

TIPS ①

需注意，此处判断结果是否显著的标准与参数检验相反，这是由于 r 越大，代表正负差值中较小的一个更接近于更大的一个，即二者偏离越少，因此不认为有差异。

TIPS ②

符号检验法中，H_0 为 n_+ 和 n_- 无差异，即二者出现的概率均为 1/2，所以大样本中 μ 为 $N/2$。

$$Z = \frac{T - \mu_T}{\sigma_T}$$

式中：$\mu_T = \dfrac{N(N+1)}{4}$，$\sigma_T = \sqrt{\dfrac{N(N+1)(2N+1)}{24}}$。

当存在等秩现象时，应使用校正公式：

$$Z = \frac{|T - \mu_T| - 0.5}{\sigma_T}$$

式中，$\mu_T = \dfrac{N(N+1)}{4}$，$\sigma_T = \dfrac{n(n+1)(2n+1) - 0.5\sum(t_k^3 - t_k)}{24}$，$t_k$ 为第 k 个相同等级中相同值的个数。

查正态分布表，若 $Z > Z_{\alpha/2}$，则两样本差异显著，反之则不显著。

> **本节小结**
>
> 本节主要介绍了配对样本的非参数检验，包括符号检验法和符号等级检验法。

第四节 等级方差分析

知识点 1 克–瓦氏单向方差分析 ★★

1. 克–瓦氏单向方差分析的含义

克–瓦氏单向方差分析是一种非参数方差分析方法，也称克–瓦氏 H 检验，对应"完全随机设计"的方差分析。

2. 计算过程

（1）当 $K=3$ 且 $n_i \leq 5$ 时

①将所有数据混合，从小到大进行等级排序。

②分别求出各个组内的等级和，记为 R_i。

③采用以下公式计算 H 值：

$$H = \frac{12}{N(N+1)} \sum_1^K \frac{R_i^2}{n_i} - 3(N+1)$$

式中，N 为总样本容量；K 为分组数；n_i 为某一组的样本容量；R_i 为某一组数据的等级和。

④根据每组数据个数，查 H 表得临界值，并与临界值比较，大于临界值则说明差异显著。

（2）当 $K>3$ 或 $n_i > 5$ 时

① H 值的计算仍用上述公式，然后用公式进行校正，校正公式为 $H_C = \dfrac{H}{1 - \sum T_i / (N^3 - N)}$。

> **TIPS 1**
>
> 克–瓦氏单向方差分析中，若出现 n 个相同的数据，则这 n 个相同的数据取对应 n 个等级的均值。例如，一组数据为 34，56，17，45，68，20，34，则该组数据从小到大的等级为 34（3.5），56（6），17（1），45（5），68（7），20（2），34（3.5），括号内为每个数据对应的等级。可以看到，34 出现了两次，并排在第三和第四的等级位置，因此取 3 和 4 的均值，两个 34 的等级均为 3.5；同时要注意 45 排在第五个等级位置，这里直接取 5，而不是取 4。

②此时，统计量 H_c 接近自由度为 $df=k-1$ 的 χ^2 分布，因此可以通过查 χ^2 分布表得到相应的 H 临界值，再与计算的 H 值比较即可。

知识点 2　弗里德曼两因素等级方差分析 ★★

1. 弗里德曼两因素等级方差分析的含义

弗里德曼双向等级方差分析可解决<u>随机区组实验设计</u>的非参数检验问题。它先把每一个个体的 K 个观测值的大小赋予相应的等级，然后以这些等级为基础，计算 χ^2 值，并将 χ^2 值作为检验统计量。这种检验适合于配对组（随机区组）设计的多个样本的比较。

> 弗里德曼两因素等级方差分析中，等级排序是在每个区组内排序，而不是混合排序，需注意区分。

2. 计算过程

（1）将每一区组的 K 个数据（K 为实验处理数）从小到大排列出等级。

（2）每种实验处理 n 个数据（n 为区组数）等级和，以 R_i 表示。

（3）代入以下公式计算：

$$\chi_r^2 = \frac{12}{nK(K+1)} \sum R_i^2 - 3n(K+1)$$

式中，n 为区组个数（行数）；K 为实验处理个数（列数）；R_i 为第 i 种处理中的等级和。

当 K=3 且 n ≤ 9，和 K=3 且 n ≤ 4 时，直接查 χ^2 表比较即可；超出此范围，可查 $df=K-1$ 的 χ^2 分布表进行比较。

若 $\chi_r^2 > \chi^2$ 表中相应值，则说明差异显著。

=== 名词总结 ===

非参数检验	秩和检验法	中数检验法	符号检验法
符号等级检验法	等级方差分析	独立样本	配对样本
克－瓦氏单向方差分析		弗里德曼两因素等级方差分析	

第十二章　线性回归

知识导读

在心理与教育统计中，通过大量的观测数据，可以发现变量之间存在的统计规律性，并用一定的数学模型表示出来，这种用一定模型来表述相关关系的方法称为回归分析。本章先介绍了回归分析的含义、回归模型的建立、回归分析与相关分析的关系，线性回归的基本假设；然后介绍了回归模型的检验与应用，包括回归方程的有效性检验、回归系数的显著性检验、决定系数和线性回归模型的应用。

在心理学考研中，本章内容是高频考点。因此，考生在学习本章时，首先要理解什么是回归分析，回归分析与相关分析的关系是什么？其次要理解并掌握回归模型的建立方法，学习考查回归方程的准确性的方法；最后要注意回归系数、相关系数、决定系数和标准误等统计量之间的数量关系。

知识地图

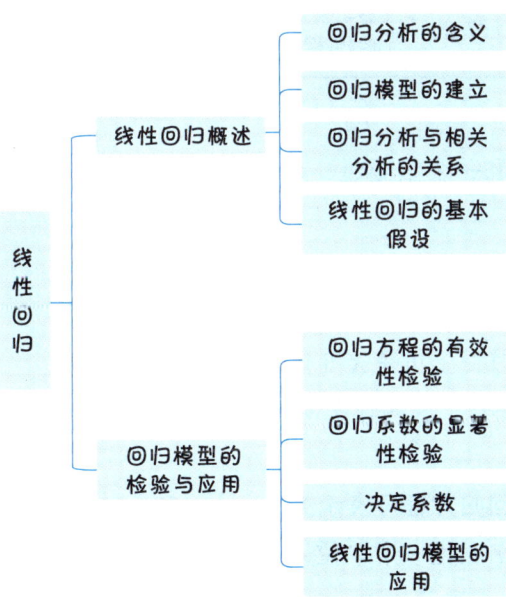

第一节 线性回归概述

知识点 1　回归分析的含义 ★★

1. 回归分析的含义

回归分析是探讨变量间数量关系的一种常用统计方法，通过建立变量间的数学模型对变量进行预测。用来表达变量相关关系的数学模型就称为回归模型。　≫ TIPS ①

TIPS 1

回归就是用来寻找数据最佳拟合直线的统计技术，最后建立的直线就是回归线，而与直线相对应的方程，就是回归方程。

2. 回归分析的分类

回归分析的分类如表 12-1 所示。

表 12-1　回归分析的分类

划分依据	回归分析	回归模型	特　点	示　例
自变量的数量	一元回归分析	一元回归模型/简单回归模型	只有一个自变量	儿子身高对父母身高的回归
	多元回归分析	多元回归模型/多重回归模型	有两个（含）以上自变量	总分对语文、数学、外语分数的回归
自变量与因变量的关系	线性回归分析	线性回归模型	自变量与因变量为线性相关	教育经费对学生人数的回归
	非线性回归分析	非线性回归模型	自变量与因变量为非线性相关	工作效率对动机强度的回归

3. 回归方程

（1）若只包括一个自变量和一个因变量，且二者是线性关系，则称为一元线性回归。

一元回归方程为 $\hat{Y} = a + bX$，表示 X 与 Y 的线性关系。其中，$\hat{Y}$ 为与 X 相对应的 Y 变量的估计值；X 为自变量；a 为该直线在 Y 轴上的截距；b 为该直线的斜率，实际上也是 X 变化时 Y 的变化率，即 X 变化一个单位，$\hat{Y}$ 变化 b 个单位，又叫作 Y 对 X 的回归系数，用 $b_{Y \cdot X}$ 表示。

（2）若以 Y 做自变量，则回归方程可表示为 $\hat{X} = a + bY$，其中 b 为 Y 变化时 X 的变化率，即 Y 变化一个单位，$\hat{X}$ 变化 b 个单位，又叫作 X 对 Y 的回归系数，用 $b_{X \cdot Y}$ 表示。

知识点 2　回归模型的建立 ★★

1. 建立回归模型实际上就是根据已知两个变量的数据求回归方程。如果两个变量之间存在线性关系，则两个变量之间的关系就可以拟合直线模型。

2. 回归模型的建立步骤。

（1）根据数据资料作散点图，直观地判断两个变量之间是否大致成一种直线关系。

（2）设直线方程式为 $\hat{Y} = a + bX$，如果估计值 $\hat{Y}$ 与实际值 Y 之间的误差比其他估计值与实际值之间的误差小，则这个方程式就是最优拟合直线模型，即表示 X 与 Y 之间线性关系的最佳模型。

（3）选定某种方法，如平均数法或最小二乘法等，使用实际数据资料，计算方程式中的 a 和 b。

（4）将 a 和 b 的值代入方程，即得回归方程。

①平均数法：先将数据进行编号，然后按照编号的奇偶分成两组，分别代入上述回归方程，建立二元一次方程组，进而解出 a 和 b 的值即可。

②最小二乘法：又叫最小平方法，如果散点图中每一点沿 Y 轴方向到直线的距离（$Y - \hat{Y}$）的平方和最小，即使误差的平方和最小，则在所有直线中这条直线的代表性就是最好的，它的表达式就是所要求的回归方程。

>> TIPS ②

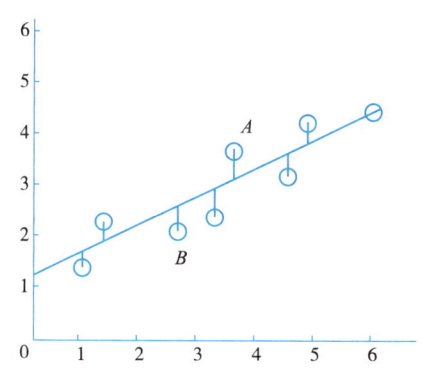

图 12–1　实际的 Y 值与预测 $\hat{Y}$ 之间的距离

③截距 a 和斜率 b 的计算公式为：

$$a = \bar{Y} - b\bar{X}, \quad b = \frac{\sum (X - \bar{X})(Y - \bar{Y})}{\sum (X - \bar{X})^2}$$

>> TIPS ③

知识点 3 ｜回归分析与相关分析的关系 ★★

1. 区别

①相关分析是用相关系数来度量变量之间的密切程度，而回归分析旨在用数学模型来表示变量之间数量关系的可能形式。

②回归系数对两个变量变化关系的描述是单向的，可以理解为用 X 去预测 Y；但相关系数是双向的，不强调哪个是自变量哪个是因变量。

>> TIPS ④

TIPS ②

回归的目的是建立数据的最佳拟合直线，为了确定直线拟合数据点的程度，第一步是要定义直线和每一个数据点之间的距离，对于每一条直线，都有一个对应的方程，而根据 X 值和方程，能够预测 Y 值，这个预测的 Y 值写作 $\hat{Y}$，预测的 Y 值（$\hat{Y}$）和实际 Y 值（Y）之间的误差为 $Y - \hat{Y}$。

从图 12–1 中可以看到，我们计算的是实际数据点和直线的预测点之间的距离，也就是实际值和预测值之间的误差，因为 $Y - \hat{Y}$ 的误差可能为正（如 A 点），也可能为负（如 B 点），所以对 $Y - \hat{Y}$ 平方，即可消除符号的差异。

这样，我们先求得每一个实际 Y 值与预测 $\hat{Y}$ 值之间的距离，并求平方，然后为了确定直线和真实数据的总误差，把所有误差的平方求和，即误差平方和为 $\sum (Y - \hat{Y})^2$。

显然，与实际数据点的误差平方和最小的直线就是最佳拟合线，这种确定最佳拟合线的方法，就被称作最小二乘法。

TIPS ③

对于斜率 b，还有一个常用的替换公式：$b_{Y \cdot X} = r \cdot \dfrac{S_Y}{S_X}$，具体见知识点 3。

TIPS ④

一种回归模型只有在当初抽取样本的同一范围内才能应用，即回归方程不能对样本所属范围外的数据做出预测；相关分析和回归分析均不能确定因果关系；若变量间不存在相关关系，则不要刻意寻求两个变量之间的某种关系，而用相关分析和回归分析来分析。

2. 联系

（1）回归系数与相关系数的共同起点是确定变量之间是否存在关系。

（2）回归系数与相关系数的关系。

结合积差相关系数公式 $r = \dfrac{\sum(X-\bar{X})(X-\bar{Y})}{NS_X S_Y}$，$b_{Y \cdot X} = \dfrac{\sum(X-\bar{X})(Y-\bar{Y})}{\sum(X-\bar{X})^2}$，则

$$\sum(X-\bar{X})(Y-\bar{Y}) = r \cdot N \cdot s_X \cdot s_Y$$

故 $b_{Y \cdot X} = \dfrac{r \cdot N \cdot S_X \cdot S_Y}{N \cdot S_X^2}$，可得到 $b_{Y \cdot X} = r \cdot \dfrac{S_Y}{S_X}$，同理可得 $b_{X \cdot Y} = r \cdot \dfrac{S_X}{S_Y}$，进一步可推导得到

$$r = \sqrt{b_{Y \cdot X} \cdot b_{X \cdot Y}}$$

即在一元线性回归中，相关系数等于两个回归系数的几何平均数。式中，$b_{Y \cdot X}$ 为回归系数；r 为相关系数；s_X 和 s_Y 分别为 X 和 Y 的标准差。

知识点 4　线性回归的基本假设 ★

1. 线性关系假设

X 与 Y 在总体上具有线性关系，这是线性回归的最基本的假设。

2. 正态性假设

正态性假设指回归分析中的 Y 服从正态分布。

3. 独立性假设

独立性假设有两个意思：

（1）每一个 X 对应的 Y 值与另一个 X 对应的 Y 值之间互相独立；

（2）不同 X 产生的误差相互独立，误差与 X 之间也相互独立。

4. 误差等分散性假设

特定 X 水平对应的误差呈随机化的正态分布且其变异量相等。

> **本节小结**
>
> 一元线性回归方程是 $\hat{Y} = a + bX$；回归模型的建立就是根据已知两个变量的数据求回归方程，主要有平均数法和最小二乘法；回归分析与相关分析关系紧密，但又有不同；线性回归有四个基本假设，即线性关系假设、正态性假设、独立性假设、误差等分散性假设。

第二节 回归模型的检验与应用

知识点 1 回归方程的有效性检验 ★★★

1. 含义

（1）回归模型的有效性检验，就是对求得的回归方程进行显著性检验，看是否真实地反映了变量间的线性关系。

（2）回归方程显著性检验有很多种方法，如回归系数的检验、决定系数和相关系数的拟合度的测定、回归方程整体检验判定以及估计标准误差的计算等，均是检验回归模型的拟合优度的方法。

（3）线性回归模型的有效性检验通常使用方差分析的思想和方法进行。

2. 具体步骤

①分解与计算平方和。

$SS_T = SS_R + SS_E$，即总平方和 = 回归平方和 + 误差平方和。

$$SS_T = \sum(Y - \bar{Y})^2 = \sum Y^2 - \frac{(\sum Y)^2}{N}$$

$$SS_R = \sum(\hat{Y} - \bar{Y})^2 = b^2\left(\sum X^2 - \frac{(\sum X)^2}{N}\right)$$

$$SS_E = \sum(Y - \hat{Y})^2 = SS_T - SS_R$$

式中，SS_T 为所有 Y 值的平方和；SS_R 为由回归直线表示的线性关系导致的变异；SS_E 为误差变异。

②计算自由度。

$$df_T = df_R + df_E, \quad df_T = N-1; \quad df_R = 1, \quad df_E = N-2 \quad \text{>> TIPS}\ \text{①}$$

③计算均方与 F 值。

$$MS_R = \frac{SS_R}{df_R}, \quad MS_E = \frac{SS_E}{df_E}, \quad F = \frac{MS_R}{MS_E}$$

④查 F 表得临界值，并与临界值比较，进行决策。

如果 MS_R 显著大于 MS_E，则说明总变异中回归方程显著，表明回归方程在整体上成立，进一步检验了变量 X 与 Y 之间是否存在线性关系。

⑤回归方程方差分析（见表 12-2）。

表 12-2 回归方程方差分析表

变异来源	平方和	自由度	均方	F 值	p 值
回归	$SS_R = b^2 \cdot SS_X$	$df_R = 1$	$MS_R = \dfrac{SS_R}{df_R}$	$F = \dfrac{MS_R}{MS_E}$	
残差	$SS_E = SS_T - SS_R$	$df_E = N-2$	$MS_E = \dfrac{SS_E}{df_E}$		
总计	$SS_T = SS_Y$	$df_T = N-1$			

TIPS ①

总的自由度 $df_T = N-1$，在一元回归中，只有一个自变量在变化，因此回归的自由度是 1，则 $df_E = df_T - df_R = N-1-1 = N-2$。

知识点 2　回归系数的显著性检验 ★★★

1. 含义

（1）利用假设检验的方法对回归系数进行显著性检验，样本回归系数服从 t 分布，使用 t 检验。

（2）检验回归系数 b 是否显著；若回归系数 b 是显著的，则表明回归方程是显著的，或者说 X 与 Y 之间存在线性关系。

2. 具体步骤

（1）建立假设：

设总体回归系数为 β，则

$$H_0: \beta = 0;$$
$$H_1: \beta \neq 0$$

（2）使用 t 检验。

$$t = \frac{b - \beta}{SE_b}$$

式中，SE_b 为回归系数的标准误，$SE_b = \sqrt{\dfrac{s_{YX}^2}{\sum(X-\bar{X})^2}}$，$df = N-2$。

① 建立了回归方程以后，实际上就是用 $\hat{Y}$ 来估计 Y，或者说以 $\hat{Y}$ 作为 Y 的代表值，但是 Y 值大部分并不在回归线上，而是围绕回归线上下波动，也就是说，用 $\hat{Y}$ 估计 Y 时会有误差。因此，为了计算 SE_b，需要先估计误差的标准差 s_{YX}，误差的标准差是测量最佳拟合线提供的预测值与实际值之间的标准误差。

② 误差的平方和（$\sum(Y-\hat{Y})^2$）除以自由度（$df = N-2$），得到误差的方差或误差的均方，再将误差的方差取平方根，即得到误差的标准差公式：

$$s_{YX} = \sqrt{\frac{\sum(Y-\hat{Y})^2}{N-2}} = \sqrt{\frac{SS_E}{N-2}} = \sqrt{MS_E}$$

③ 回归系数的标准误：

$$SE_b = \sqrt{\frac{s_{YX}^2}{\sum(X-\bar{X})^2}} = \sqrt{\frac{\sum(Y-\hat{Y})^2/(N-2)}{\sum(X-\bar{X})^2}} = \sqrt{\frac{SS_E/(N-2)}{\sum(X-\bar{X})^2}} = \sqrt{\frac{MS_E}{SS_X}}$$

（3）根据自由度和显著性水平，查 t 分布表中对应的临界值，若计算得到的 t 值大于临界值，则说明回归系数是显著的。　》 TIPS

典例 1　（单选）在回归方程中，其他条件不变，当 X 与 Y 的相关系数趋近于零时，估计的标准误会（　　）。

A. 不变　　　B. 提高　　　C. 降低　　　D. 趋近于零

TIPS ②

方差分析用来检验回归模型是否为线性方程，而回归系数的显著性检验用来检验回归系数是否为 0。对回归系数的显著性检验和对回归系数的方差分析是等效的，在实际研究中，一般选取一种即可。

知识点 3　决定系数 ★★

1. 决定系数的含义

（1）决定系数又叫判定系数、确定系数、复相关系数，符号为 r^2，是相关系数 r 的平方，是以回归平方和在总平方和中所占的比例评价回归效果。

（2）这个比例越大，回归效果越好。若这个比例达到 1，则表明此时 Y 的变异完全由 X 的变异来解释，没有误差；若比例为零，则说明 Y 的变异与 X 无关，回归方程无效。

（3）例如，$r^2=0.64$，表明变量 Y 的变异中有 64% 是由变量 X 的变异引起的，或者说有 64% 可以由 X 的变异来解释。　≫ TIPS ③

（4）回归平方和至多等于总平方和，一般都小于总平方和，两变量的共变部分的比例小于或等于 1，即 $r^2 \ll 1$，所以 $-1 \leqslant r \leqslant 1$。图 12-2 比较直观地揭示了相关系数 r 的取值范围。

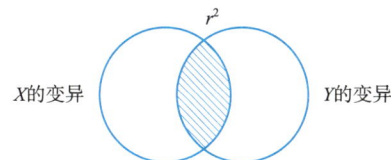

图 12-2　决定系数的取值范围

2. 计算公式

$$r^2 = \frac{SS_R}{SS_T} = \frac{\sum(\hat{Y}-\overline{Y})^2}{\sum(Y-\overline{Y})^2} = 1 - \frac{S_{YX}^2}{S_Y^2}$$

知识点 4　线性回归模型的应用 ★★★

回归分析的目的，就是在测定自变量 X 与因变量 Y 的关系为显著相关后，借助于拟合的较优回归模型来预测在自变量 X 为一定值时因变量 Y 的发展变化。运用建立的回归模型进行估计或预测，是回归分析的主要应用。

1. 点预测

（1）点预测即将确定的 X 值代入回归方程，得到相应的 $\hat{Y}$ 值。

典例 2　150 名 6 岁男童体重（X）与屈臂悬体（Y）的相关系数 $r=-0.35$，$\overline{X}=20$ kg，$\sigma_X=2.55$，$\overline{Y}=42.7$ s，$\sigma_Y=8.2$，试估计体重为 22.6 kg 的男童的屈臂悬体为多少秒？

2. 区间预测

（1）含义：以一定的概率为保证，预测当自变量 X 取一定的值 X_i 时，因变量 Y_i 的可能范围。

TIPS ③

一元回归方程经方差分析检验或检验其回归系数是否显著后只能判断该回归模型是否有效，无法给出有效性的大小，需要进一步采用决定系数来刻画回归方程有效性的高低。

（2）估计标准误（误差的标准差）

设与某个 X_p 值对应的 Y_p 的真正代表值为 Y_0（简称真值或理论值），则估计误差的标准差为：

$$s_{(\hat{Y}_p - Y_0)} = s_{YX} \cdot \sqrt{1 + \frac{1}{N} + \frac{(X_p - \bar{X})^2}{\sum (X_i - \bar{X})^2}}$$

式中：$s_{YX} = \sqrt{\dfrac{\sum(Y - \hat{Y})^2}{N-2}} = \sqrt{\dfrac{SS_E}{N-2}} = \sqrt{MS_E}$ ≫ TIPS ④

当样本容量 N 比较大时，上式根号部分约等于 1，因而常常省略根号部分，即 $s_{(\hat{Y}_p - Y_0)} \approx s_{YX}$。

（3）预测区间

$$\hat{Y}_p \pm t_{\alpha/2} \cdot s_{(\hat{Y}_p - Y_0)}$$

$$df = N - 2$$

本节小结

回归模型的有效性检验通常使用方差分析的思想和方法进行，将总平方和分解为回归平方和与误差平方和；回归系数的显著性检验一般都用 t 检验；相关系数的平方等于回归平方和在总平方和中所占比例；线性回归模型的应用主要有点预测与区间预测。

TIPS ④

当样本容量较大的时候，可以用 $s_{YX} = s_Y \cdot \sqrt{1 - r^2}$ 估计误差的标准差，s_Y 为因变量 Y 的样本标准差。

名词总结

回归分析	一元回归分析	线性回归	回归模型
散点图	平均数法	最小二乘法	决定系数
点预测	区间预测		

第十三章 多元统计分析

知识导读

多元统计分析又称多变量统计分析，是指研究多个变量（多元数据）的分析方法。本章主要介绍了多元回归分析和因素分析，简单介绍了主成分分析。

在心理学考研中，本章内容考查较少，考生对重点内容进行理解再认即可。

知识地图

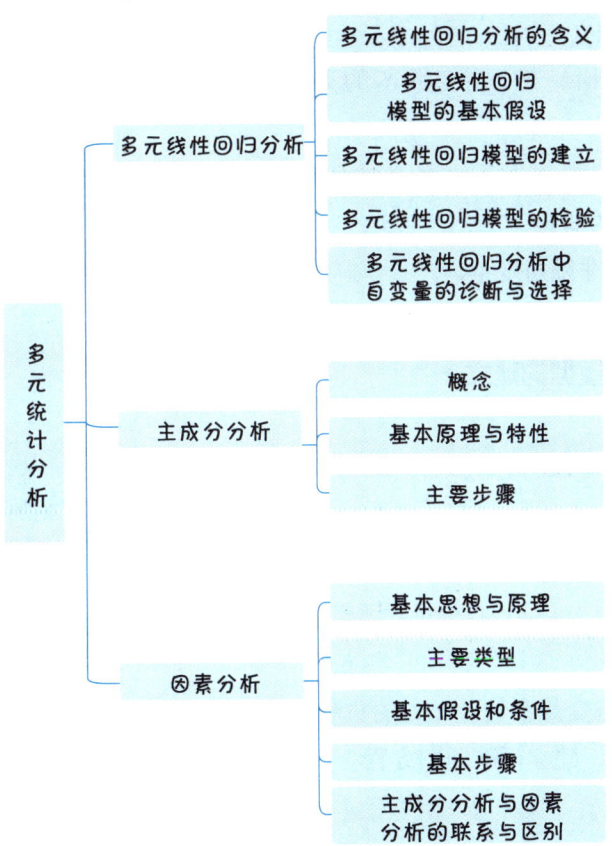

知识精讲

第一节　多元线性回归分析

知识点 1　多元线性回归分析的含义 ★

在回归分析中，若对两个或两个以上的自变量对因变量影响现象进行分析，就称为多元回归或多重回归。

由于一种现象常常与多种其他现象相联系，因此用多个自变量的最优组合共同预测（估计）因变量，比只用一个自变量进行预测（估计）更有效，更符合实际。多重回归可增强对因变量分析估计的准确性。

知识点 2　多元线性回归模型的基本假设

1. 与简单回归基本相同的四点（线性、独立、等方差和正态性假设）

（1）X 和 Y 总体上具有线性关系。

（2）无多重共线性，既各个自变量间互不相关、相互独立，且随机误差项与自变量 X_i 也独立。

（3）当其他自变量固定时，某一自变量 X_i 的不同水平上 Y 的误差应相等。

（4）当其他自变量固定时，Y 关于 X_i 的条件分布为正态分布。

2. 多元线性回归特有的假设

（1）X_i 是确定变量，而非随机变量。

（2）随机误差服从均值为零、方差相等的正态分布。

知识点 3　多元线性回归模型的建立 ★

1. 模型的一般表达式　　　　　　　　　　≫ TIPS ①

$$Y = b_0 + b_1X_1 + b_2X_2 + b_3X_3 + \cdots + b_nX_n + e$$

式中，b_0 相当于一元回归方程中的常数项；b_i 为偏回归系数。当其他自变量对因变量的影响固定时，b_i 反映了第 i 个自变量 X_i 对因变量 Y 的线性影响的大小，其值越大，说明该自变量对因变量的影响越大。

2. 标准回归方程

（1）当需要比较某个自变量在估计 Y 时的贡献大小时，须将原始数据分别转换为标准分数，建立标准回归方程。

（2）一般形式为：

$$Z_Y = \beta_1 Z_{X1} + \beta_2 Z_{X2} + \beta_3 Z_{X3} + \cdots + \beta_n Z_{Xn}$$

式中，Z_Y 表示因变量 Y 的标准分数的估计值；Z_{Xn} 表示自变量 X 的标准分数；β_i 为偏回归系数，其中 $b_i = \beta_i \dfrac{S_Y}{S_{X_i}}$。

TIPS ①

多重回归即建立自变量不止一个的线性回归模型。在生活中，多重回归的例子非常多，比如考研总分对专业课和公共课分数的回归。重点在于了解回归模型的一般形式。其中，回归系数的大小反映了其对应自变量对因变量影响的大小。

知识点 4　多元线性回归模型的检验 ★

1. 方差分析

检验因变量 Y 与各个自变量 X_i 间存在显著线性关系，与简单回归类似。

（1）平方和

$$SS_T = \sum(Y - \bar{Y})^2 = \sum y^2$$

$$SS_R = \sum(\hat{Y} - \bar{Y})^2 = b_1\sum x_1 y + b_2 \sum x_2 y + \cdots$$

$$SS_E = SS_T - SS_R$$

（2）自由度

$$df_T = N-1 \ ;\ df_R = k \ ;\ df_E = N-1-k$$

式中：k 为自变量的个数。

2. 决定系数

（1）复相关系数 R 显著性检验，效果与方差分析类似。R^2 即为模型决定系数，表示用多个自变量估计因变量时，因变量估计值的平方和占总平方和的比重，其表达式为：

$$R^2 = \frac{SS_R}{SS_T} = \frac{\sum(\hat{Y}-\bar{Y})^2}{\sum(Y-\bar{Y})^2}$$

（2）通过复相关系数的显著性检验来对回归方程进行检验，复相关系数显著则回归方程也显著。

（3）决定系数 R^2 开方后得 R，叫做复相关系数。它表示因变量 Y 与 k 个自变量线性组合之间的相关，即 Y 与 $\hat{Y}$ 的相关系数。

3. 偏回归系数的显著性检验

对每个偏回归系数的显著性检验使用 t 检验。　　

$$t = \frac{b_i - 0}{SE_{b_i}}$$

知识点 5　多元线性回归分析中自变量的诊断与选择 ★

1. 诊断

在进行回归分析之前，需要确定自变量是否符合基本假设，这就是诊断过程。一般需要经过异常点诊断（检测是否有个别观测点与多数观测点偏离很远，或出现过失误差）和共线性诊断（若自变量之间有较强相关关系，则将很难求得理想回归方程，共线性诊断便是先对自变量间的相关性作出的判断与剔除）。

2 选择

自变量的选择方法基本上都是基于决定系数 R^2 最大原则。

TIPS ②

某一个偏回归系数不显著时回归方程可能仍然显著。方差分析是整体的检验，当方差分析显著时，回归方程中的每一个偏回归系数不一定显著。

（1）最优方程选择法

从所有可能的自变量组合建立的回归方程中选择最优的。

（2）同时多重回归法

将所有的预测变量同时纳入回归方程中估计因变量。包括以下两种方法：

①强制进入法：在某一显著水平下，不考虑预测变量间的关系，把对因变量具有解释力的所有预测变量纳入回归方程式，计算所有变量的回归系数。

②强制淘汰法：在某一显著水平下，不考虑预测变量间的关系，将对因变量没有解释力的所有预测变量，一次性全部排除在回归方程式之外，再计算保留在回归方程式中的所有预测变量的回归系数。

（3）逐步多重回归法

依据预测变量解释力的大小，逐步检查每一个预测变量对因变量的影响。根据预测变量的选取顺序，逐步回归又分为向前法、向后法和逐步法三种。

①向前法又称为顺向进入法。在选取预测变量时，依照自变量对因变量预测力的大小，由大到小，优先选用具有最大预测力且具有统计学意义的自变量（其偏回归平方和最大），然后依序将自变量逐个纳入方程式中，直到方程式外所有具有统计学意义的预测变量全部被纳入回归方程式中为止。这种方法计算量较小，但一次只能引入一个变量。

②向后法又称为反向淘汰法。先按照同时回归分析法方式，把所有预测变量纳入回归方程式中运算，然后将没有达到统计学意义的预测变量，以最弱、次弱的顺序从方程式中逐个剔除，直到不具有统计学意义的所有预测变量全部被剔除为止。

③逐步法：综合运用向前法和向后法。引入和剔除交替循环，直到保留在方程式内的预测变量全部具有统计学意义，方程式外的预测变量不具有统计学意义为止。

（4）分层多重回归法

在一般研究中，预测变量之间可能具有特定的先后关系，需要依照研究者的设计，以特定的顺序进行分析。这种方法多运用在当研究者有一个明确的理论依据，得以将多个预测变量进行事先的分割排序时。

本节小结

本节主要对多元线性回归分析进行了简介，包括多元线性回归分析的含义以及多元线性回归模型的建立、基本假设、检验，自变量的诊断与选择等。

第二节 主成分分析

知识点 1 主成分分析的概念 ★★

主成分分析是把原来多个变量划为少数几个综合指标的一种统计分析方法。通过重组原有变量，使其转换为一组新的、相互独立的综合变量，根据代表性从中选取几个综合变量，从而尽可能全面反映原有变量信息，同时达到将问题最大程度简化的目的。

此方法最早于1901年由英国统计学家皮尔逊提出，引入于非随机变量，而后于1933年由美国统计学家霍特林拓展到随机向量，推动了其进一步发展。

知识点 2 主成分分析的基本原理与特性 ★★

数学上的操作为将原有变量线性组合为新的综合指标：**对于一组可能并不相互独立的变量，删去多余的重复部分，转换为一组无线性相关的综合变量，转换后的变量即为主成分**。

这一分析有如下特性：主成分的个数远远小于原有变量的个数，并且主成分能够反映原有变量的绝大部分信息。

知识点 3 主成分分析的主要步骤 ★★

（1）对各原有变量进行标准化。

（2）计算变量间的相关性，求出相关系数矩阵、**特征根 λ**（也称特征值，可看作主成分影响力大小的指标，为使其影响力大于一个原有变量，应使 $\lambda \geq 1$）以及对应的特征向量，用以建立主成分方程表达式。

（3）计算**各主成分的贡献率**及其累积值，确定主成分数目 m，选取主成分（选取原则是主成分对应的特征根 $\lambda \geq 1$ 的前 m 个主成分）。

（4）计算原有变量在主成分上的因素负荷、所取主成分上的个体得分。

（5）解释并命名各主成分，进一步解释研究问题。

典例1（单选）通常主成分分析要求所选择的主成分对应的特征根 λ 应该是（　　）。

　　A. $\lambda < 0$　　　　B. $\lambda = 0$
　　C. $0 < \lambda < 1$　　D. $\lambda \geq 1$

> **本节小结**
> 主成分分析作为因素分析中因素抽取的最主要的一种方法，是指原来多个变量划为少数几个综合指标的一种统计分析方法；本节主要介绍了主成分分析的基本原理与特性、主要步骤。

第三节　因素分析

知识点 1　因素分析的基本思想与原理 ★★

1. 因素分析的基本思想

（1）因素分析常用于处理多变量数据，将多个可观测的、描述性的原始变量进行综合、概括，转为较少的几个因素，用这些因素最大限度地解释原有信息，通过建立概念系统来揭示事物间的完整联系。

（2）其核心在于"降维"，这一理论最早于1904年由英国心理学家斯皮尔曼提出，用于考查智力结构，随后逐渐发展为统计学中重要的部分，在各领域得到广泛运用。

（3）因素分析的最初目的在于简化复杂、庞大的描述性数据，分析出其背后的简单因素结构，使概念系统更准确、简明、便于理解。

2. 因素分析的数学原理

其数学原理是共变抽取，受到同一因素影响的所有变量，其共同相关的部分即为因素。原变量依据相关性分组，使组内高相关、组间低相关，随后用不可观测的因素分别代表每一个分组，最终用于解释变量间的关系。　》TIPS ①

即：

$$X_i = a_{i1}F_1 + a_{i2}F_2 + a_{i3}F_3 + \cdots + a_{ij}F_j + \varepsilon_i$$

式中，X_i 为变量值；a_{ij} 为因素负荷，其值越高，说明对应的公共因素对因变量的影响越大；F_j 为公共因素；ε_i 为特殊因素。

TIPS ①　用来描述人格特质的词很多，如活泼、开朗、乐观、内向等，通过因素分析，可将上述几个词归结为一个维度"内外倾"（艾森克人格特质理论中的一个人格特质维度）。

知识点 2　因素分析的主要类型 ★★

1. 探索性因素分析

研究者事先对观察数据背后可以提取多少个因素并不确定，分析的目的在于探索因素的个数。

2. 验证性因素分析

（1）研究者根据已有的理论模型对因素的个数，以及每个变量都在哪个因素上有载荷有明确的假设，分析的目的在于对假设进行验证。

（2）对于所研究的某一具体问题，原始变量可分解为少数几个不可测的公共因子的线性函数和与公共因子无关的特殊因子。　》TIPS ②

TIPS ②　需注意探索性因素分析和验证性因素分析目的的区别，前者是探索因素的个数，而后者是对已有的理论模型进行验证。如艾森克通过因素分析的方法提出了人格特质的三因素模型：内外倾、神经质和精神质，这可以看作探索性因素分析，因为事先不知道人格特质有几个维度；而研究者基于艾森克的三因素模型设计实验，收集实验数据，根据实验数据验证三因素模型是否有效，这可以看作验证性因素分析，因为对已有理论进行验证。

知识点 3　因素分析的基本假设和条件 ★★

1. 因素分析的基本假设

因素分析的基本假设是那些不可观测的"因素"（或潜在维度）隐含在许多现实可观察的事物背后，虽然难以直接测量，但是可以从复杂的外在现象中计算、估计或抽取得到。

2. 因素分析的条件

（1）因素分析的变量必须是连续变量，且符合线性关系假设。顺序与类别变量不能使用因素分析简化结构。

（2）抽样过程必须随机，并具有一定规模；专家建议样本数在 100 以下不宜进行因素分析，样本数最好大于 300。

（3）变量之间具有共变关系，且相关不宜过高也不宜过低。太低的相关难以抽取一组稳定的因子，通常当相关系数绝对值低于 0.3 时，不建议进行因素分析。而相关太高的变量，多重共线性明显，区分效度不够，获得的因子结构价值也不高。

知识点 4　因素分析的基本步骤 ★★

因素分析通常包括以下几个步骤。

（1）变量标准化，计算相关矩阵，分析相关性高低并以此分组。

相关矩阵用于直观呈现变量间两两的相关程度，要求变量间均呈中度相关；对于一群相关过高或过低的变量，则不适合进行因素分析。在此过程中，需注意以下两个指标。

①巴特莱球形检验。检验相关矩阵中的相关系数是否显著大于 0，虚无假设为 H_0：相关矩阵中主对角元素均为 1，非主对角元素均为 0。若检验结果显著，则适合做因素分析，反之不适合。

② KMO 检验。KMO 系数表示与该变量有关的所有相关系数与净相关系数的比较值，越接近 1，变量间相关越强，越适合做因素分析。通常要求 KMO 系数大于 0.7 或 0.8；若低于 0.5，则不宜做因素分析。

（2）因素抽取，求出公共因素（各组变量用一个不可观测的变量表示，这些变量即为公共因素）和因素负荷矩阵。

因素抽取这一步骤的目的在于决定这些测量变量当中存在着多少个潜在的成分（component）或因素（factor），是因素分析中最重要的步骤。

除了人为设定因素个数，决定因素个数的具体方法有主成分法、主轴因子法、最小平方法、最大似然法。

（3）确定公因素数（特征值准则或碎石检验）。

①特征值准则。因素个数主要取决于特征值（eigenvalue）的大小。特征值代表某一因素可解释的总变异量。**特征值越大，代表该因素的解释力越强**。一般而言，特征值需大于 1 才可被视为一个因素。低于 1 的特征值，代表该因素所解释的变异少于一个标准化的变量的变异，这样的因素实际意义不大。特征值为各因素在所有变

量上的因素载荷平方和，常用λ表示，即

$$\lambda = a_{i1}^2 + a_{i2}^2 + \cdots + a_{ij}^2$$

贡献率为各因素的特征值占总特征值的比率，即

$$\lambda_i = \frac{\lambda_i}{\sum \lambda_i}$$

②碎石检验（scree test）。将每一个因素依其特征值进行排列，特征值逐渐递减。当因素的特征值逐渐接近没有变化之时，代表特殊的因素已无法被抽离出来；当特征值急剧增加之时，代表有重要因素出现，即特征值曲线变陡之时，就是决定因素个数之时，因此，把碎石检验又叫做陡坡检验。

（4）因素旋转。

前一步骤所抽取的因素经过数学转换，使因素或成分能够清楚地区分，能够反映出特定的意义，被称为因素旋转。

前面几个步骤的操作目的在于建立变量与因素之间的关系，而因素旋转的目的，则在于厘清因素与原始变量之间的关系，以确立因素间最简单的结构，使新因素具有更鲜明的实际意义，能够更好地解释因素分析的结果。所谓最简单结构，就是使每一个变量仅在一个公共因素上有较大载荷，而在其他公共因素上的载荷比较小。

（5）因素命名，计算因素得分。

结合因素负荷矩阵，判断各公共因素主要包含哪些变量，结合各变量的具体内容，分析各公共因素的含义并命名，最后计算因素得分。

知识点 5　主成分分析与因素分析的联系与区别 ★★

1. 二者的联系

二者都是降维的方法。

2. 二者的区别　　　　　　　　　　　　　　　　>> TIPS ①

（1）主成分分析只是寻找能够解释诸多变量变异绝大部分的几组彼此不相关的变量；因素分析的目的是从数据中探查能对变量起解释作用的因素及其组合系数。

（2）主成分分析把主成分表示成各变量的线性组合；因素分析把变量表示成各因素的线性组合。

（3）主成分分析不需要假设；因素分析则需要一些假设。

（4）主成分分析只有一种抽取因素的方法；因素分析则有多种抽取因素的方法。

（5）主成分一般是固定的；因素可以进行旋转。

（6）在主成分分析中，成分的数量是一定的；在因素分析中，

主成分分析是因子分析的第一步，主成分分析的主要目的在于缩减成分，而因素分析是把缩减的成分分成一些因素。

因素的数量需分析者假定。

（7）与主成分分析相比，由于因素分析可以使用因素旋转帮助解释因素，因此其在解释方面更有优势。

> **本节小结**
>
> 因素分析是从为数众多的可观测的变量中概括和综合出少数几个因素，用较少的因素变量最大程度地概括和解释原有的观测信息。因素分析的基本原理是共变抽取，其分为探索性因素分析与验证性因素分析。因素分析需要符合三个基本条件，因素分析有5个基本步骤。考生需重点掌握因素分析的基本思想（降维）及因素分析的类别，简单了解因素分析的基本步骤。

名词总结

多元回归　　　　多元共线性　　　　因素分析　　　　降维
探索性因素分析　　验证性因素分析　　特征值

# 附录 A 各章典例的参考答案和解析

第一章 心理与教育统计学概述

典例 1 【参考答案】 B

【解析】从统计对象来看，选项 A、C、D 涉及的统计对象分别为"某企业职工的学历""1 月份的平均汽油价格""大学生统计学成绩"，选项 B 涉及的统计对象是"36 个橘子的平均质量"和"果园中所有橘子的平均质量"。从统计功能和目的来看，选项 A、C、D 的统计功能和目的分别为描述"某企业职工的学历""1 月份的平均汽油价格""大学生统计学成绩"，选项 B 的统计功能和目的是通过"36 个橘子的平均质量"（局部／样本）推断"果园中所有橘子的平均质量"（总体）。

典例 2 【参考答案】 B

【解析】甲在四种品牌（类别）的基础之上，依次挑选出最喜欢的品牌，也就是给四种品牌按照喜好程度进行了排序：最喜欢—第二喜欢—第三喜欢—最不喜欢，因而是顺序数据；乙对四种品牌进行评分，不仅可以根据评分对品牌进行排序，而且对每种品牌的喜好程度有了具体的量化指标，具有了数量上的差异，因此是等距数据；丙只是让评定者挑出自己最喜欢的品牌，实际上是将四种品牌分成了两个类别：最喜欢的品牌和其他品牌，这两个类别之间没有先后次序之分，因此是称名数据。

第二章 统计图表

典题 1 【解析】（1）线形图多用于连续性资料，描述某种现象在时间上的发展趋势。

（2）判断"智力测验成绩"的数据类型，有两种可能情况：一种是智力分数，即等距数据；另一种是智力等级，即顺序数据。如果是智力分数，则应选用直方图，因为直方图用于连续性随机变量次数分布；如果是智力等级，则应选用条形图或扇形图，这两者均适用于离散型数据。

（3）散点图用于两个变量之间的相关分析。

（4）判断"智力测验成绩"的数据类型。如果是智力分数，则应选用次数多边形图，因为直方图不能用于多组数据的比较；如果是智力等级，则应选用条形图或扇形图，这两者均适用于离散型数据，并且可以同时比较多组数据。

（5）扇形图主要用于间断性资料，显示各部分在整体中所占的比重。

第三章 集中量数

典例 1 【参考答案】 D

【解析】先将数据按照顺序排列：1，4，4，4，5，6，6，7，7，可以看出中数是 5，众数是 4，因此本题选 D。

典例 2 【参考答案】 D

【解析】首先，通过审题可知"该单位人数最多的普通员工的收入"即该单位收入分布的众数。其次，在正偏态分布中，众数＜中数＜平均数，现已知"收入的平均数为 3 600 元，中数为 3 000 元"，则众数应当小于 3 000 元。在四个选项中，只有 D 选项符合。

典例 3 【参考答案】C

【解析】首先对原始观测值进行排序：1，5，6，7，8，8，8，11，11，108，并观察该组数据的特征，可以发现存在一个极端值 108，因此选用平均数是不合适的。其次，我们可以考虑选用中数和众数，两者均可。最后，计算该组数据的中数和众数，中数为第 5 个数（8）和第 6 个数（8）的平均数，由于第 5、6、7 个数共享了 8 的数值区间 [7.5，8.5），因此 M_d=7.5+1/3=7.83；众数为 8（出现了 3 次）。因此，描述该组数据可以用中数，其值为 7.83，但是题目中并无此选项；也可以用众数，其值为 8，对应 C 选项。

第四章 差 异 量 数

典例 1 【参考答案】D

【解析】本题中百分位数是 65，百分等级是 45，也就是说，在该组数据中，低于 65 的数据占总数据个数的 45%，即有 45% 的人低于或等于 65 分，55% 的人高于或等于 65 分，因此本题选 D。

典例 2 【解析】先判断 P_{10} 和 P_{90} 分布处于哪个分组区间，然后代入公式计算出来，最后计算 $P_{90}-P_{10}$ 即可。

【参考答案】根据百分位数的含义，P_{10} 和 P_{90} 是指在整个观测值中低于 10% 和 90% 个数值的测量值，在该分布中共有 157 个数据，因此，P_{10} 和 P_{90} 为大小在第 15.7（157×10%）和第 141.3（157×90%）个数值之下的数值；结合累加次数列可知，第 15.7 和第 141.3 个数值分别处于"15~"和"50~"区间。则

$$P_{10} = L_b + \frac{i}{f}\left(\frac{P}{100}N - F_b\right) = 14.5 + \frac{5}{9}(10\% \times 157 - 7) = 19.33$$

$$P_{90} = L_b + \frac{i}{f}\left(\frac{P}{100}N - F_b\right) = 49.5 + \frac{5}{8}(90\% \times 157 - 138) = 51.56$$

$$P_{90} - P_{10} = 51.56 - 19.33 = 32.23$$

故百分位差为 32.23。

典例 3 【参考答案】D

【解析】标准差是方差的平方根，平均差是所有离差绝对值的平均值，均方是离均差平方和除以自由度，方差是离均差平方和的均值。

典例 4 【参考答案】C

【解析】因为原数据的平均数为 5，新数据都是加上 3 且再乘以 2，所以，新数据的平均数为（5+3）×2=16；此外，每一个观测值都加上一个相同的常数后，标准差不变，但是每一个观测值都乘以一个相同的常数，则新数据的标准差＝原数据标准差 × 常数，即 2×2=4，因此本题选 C。

典例 5 【参考答案】A

【解析】比较不同观测值的离散程度要使用差异系数，题目给出了两组观测值的平均数和标准差，可以计算出各自的差异系数进行比较：

$$CV_{初一} = \frac{s_{初一}}{\overline{X}_{初一}} \times 100\% = 7.69\%$$

$$CV_{初二} = \frac{s_{初二}}{\overline{X}_{初二}} \times 100\% = 7.5\%$$

因为 $CV_{初一} > CV_{初二}$，所以本题选 A。

典例 6 【参考答案】C

【解析】先计算出小明三科成绩的标准分，然后进行比较。本题尤其需要注意看清题目要求，"小明的三科成绩按照标准分由大到小进行排序"需比较标准分数；而如果题目要求比较三科成绩的离散程度，那么就要用差异系数而非标准分数。

$$Z_{语文} = \frac{X_{语文} - \overline{X}_{语文}}{s_{语文}} = \frac{80-65}{10} = 1.5$$

$$Z_{数学} = \frac{X_{数学} - \overline{X}_{数学}}{s_{数学}} = \frac{80-65}{15} = 1.0$$

$$Z_{英语} = \frac{X_{英语} - \overline{X}_{英语}}{s_{英语}} = \frac{75-65}{5} = 2.0$$

因为 $Z_{英语} > Z_{语文} > Z_{数学}$，所以本题选 C。

典例 7 【参考答案】D

【解析】先要将导出分数转换成 Z 分数，然后将 Z 分数转换成原始分数。"导出分数均值为 50，标准差为 10"，则 $Z = \frac{X - \overline{X}}{S} = \frac{70-50}{10} = 2$；由题中"原始分数均值为 80，标准差为 16"，则 $X = \overline{X} + Zs = 80 + 2 \times 16 = 112$。因此本题选 D。

第五章　相　关　量　数

典例 1 【参考答案】AD

【解析】由题意可知，散点图的形状为直线，且两个变量方差均不为 0，说明两个变量可能为完全正相关（相关系数 $r=1$）或完全负相关（相关系数 $r=-1$），故本题应选 AD。

典例 2 【参考答案】①根据离均差积和公式计算，将原数据整理成表 A-1。

表 A-1　原数据（一）

离均差		离均差平方		离均差之积
$X - \overline{X}$	$Y - \overline{Y}$	$(X - \overline{X})^2$	$(Y - \overline{Y})^2$	$(X - \overline{X})(Y - \overline{Y})$
−6	−2	36	4	+12
+4	+2	16	4	+8
−2	−2	4	4	+4
+2	0	4	0	0
+2	+2	4	4	+4
		$SS_X = 64$	$SS_Y = 16$	$SP = +28$

将数据代入公式得：$r = \dfrac{SP}{\sqrt{SS_X \cdot SS_Y}} = \dfrac{28}{\sqrt{64 \times 16}} = +0.875$。

②根据原始公式计算，将原数据整理成表 A-2。

表 A-2　原数据（二）

分　　数		平　　方		乘　　积
X	Y	X^2	Y^2	XY
0	2	0	4	0
10	6	100	36	60
4	2	16	4	8
8	4	64	16	32
8	6	64	36	48
$\sum X = 30$	$\sum Y = 20$	$\sum X^2 = 244$	$\sum Y^2 = 96$	$\sum XY = 148$

根据公式得：$r = \dfrac{\sum XY - \dfrac{\sum X \sum Y}{N}}{\sqrt{\sum X^2 - \dfrac{(\sum X)^2}{N}} \cdot \sqrt{\sum Y^2 - \dfrac{(\sum Y)^2}{N}}} = \dfrac{148 - \dfrac{30 \times 20}{5}}{\sqrt{244 - \dfrac{30^2}{5}}\sqrt{96 - \dfrac{20^2}{5}}} = +0.875$。

有兴趣的同学还可以根据其他公式进行计算，会得到相同的结果。

典例 3　【参考答案】将原数据整理成表 A-3。

表 A-3　原数据（三）

$N=5$	$K=4$				R_i	R_i^2
	1	2	3	4		
1	3	3	3	3	12	144
2	5	5	4	5	19	361
3	2	2	1	1	6	36
4	4	4	5	4	17	289
5	1	1	2	2	6	36
$\sum$					60	866

已知 $\sum R_i = 60, \sum R_i^2 = 866$，则

$$s = \sum R_i^2 - \dfrac{(\sum R_i)^2}{N} = 866 - \dfrac{60 \times 60}{5} = 146$$

$$W = \dfrac{s}{\dfrac{K^2}{12}(N^3 - N)} = \dfrac{146}{\dfrac{1}{12} \times 4^2 \times (5^3 - 5)} = 0.91$$

故肯德尔 W 系数为 0.91。

典例 4　【参考答案】将原数据整理成表 A-4。

表 A-4 原数据（四）

项目		吸烟状况		合计
		吸烟	非吸烟	
死亡原因	癌症	6	3	9
	其他	4	7	11
合计		10	10	

已知 $a=6$，$b=3$，$c=4$，$d=7$，则

$$r_\phi = \frac{ad-bc}{\sqrt{(a+b)(a+c)(b+d)(c+d)}} = \frac{6\times7-3\times4}{\sqrt{9\times10\times10\times11}} = 0.30$$

典例 5 【参考答案】 A

【解析】 点二列相关适用于一列等距或比率数据和一列真正的二分数据，多用于评价是非类测验项目所组成的测验内部一致性等问题。题中测验总分即为比率数据，各单项选择题的对错即为真正的二分数据，计算两者的相关系数应该使用点二列相关系数。

第六章　推断统计的数学基础

典例 1 【参考答案】 B

【解析】 "出现相同点数"即两个独立事件同时出现，宜采用乘法定理。出现相同点数有 6 种情况：两次均出现 1 点、2 点、3 点、4 点、5 点、6 点，其中，两次均出现 1 点的概率为 $P=\frac{1}{6}\times\frac{1}{6}=\frac{1}{36}$，同理，两次均出现 2 点、3 点、4 点、5 点、6 点的概率都是 $P=\frac{1}{36}$。同时，两次均出现 1 点、2 点、3 点、…、6 点这 6 个事件两两之间均为互斥事件，任发生一件的概率等于各事件概率之和，即 $P=\frac{1}{36}+\frac{1}{36}+\frac{1}{36}+\frac{1}{36}+\frac{1}{36}+\frac{1}{36}=\frac{1}{6}$。因此本题选 B。

典例 2 【参考答案】 B

【解析】 首先，"测验结果低于平均分一个标准差"即 $Z=-1$。其次，当 $Z=1$ 时，$P=0.34$。最后，根据正态分布的特点可知，当 Z 取 $(-\infty,-1)$ 时，该区间占正态分布曲线下总面积的 0.16，故该受测者成绩的百分等级是 16，如图 A-1 所示。注意做此类题时，画图会更清晰。

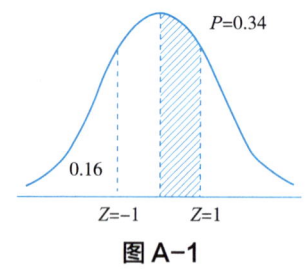

图 A-1

典例 3 【参考答案】 D

【解析】 正误判断题是二项试验，其结果即为二项分布。在该二项分布中，试验次数（n）为 10，做对概率（p）和做错概率（q）均为 1/2，因 $p=q=1/2$，$np=5$，故此二项分布近似正态分布，且 $\mu=np=10\times0.5=5$，$\sigma=\sqrt{npq}=\sqrt{10\times0.5\times0.5}=1.58$。

在正态分布概率中，当 Z=1.645 时，包含 95% 的个体，则 $\mu+1.645\sigma = 5+1.645\times1.58 = 7.6 < 8$。

上述结果代表答题者猜测对 8 道题（含）以上的可能性为 5%，所以答对 8 道题（含）以上的人不是凭猜测，而是真正掌握了知识点。

典例 4 【参考答案】A

【解析】正态分布是关于平均数和标准差的函数，其位置和形态由平均数和标准差共同决定，与自由度无关。t 分布和卡方分布都是关于自由度的函数，分布形态随自由度的变化而变化。二项分布的形态由抽取的样本个数 n、概率 p 和试验次数共同决定。另外，随着样本容量的增加，t 分布、卡方分布和二项分布都渐趋于正态分布。

典例 5 【参考答案】C

【解析】总体分布未知，但方差已知，且样本容量大于 30，故样本平均数的抽样分布服从正态分布，且平均数为 $\mu_{\bar{X}}=\mu=20$，方差为 $\sigma_{\bar{X}}^2 = \dfrac{\sigma^2}{n}=\dfrac{10^2}{100}=1^2$。

典例 6 【参考答案】C

【解析】等距抽样要防止周期性偏差，因为它会降低样本的代表性，因此选 C。

第七章 参 数 估 计

典例 1 【参考答案】B

【解析】根据置信区间的公式：

$$\bar{X}-Z_{\alpha/2}\dfrac{\sigma}{\sqrt{n}} \leqslant \mu \leqslant \bar{X}+Z_{\alpha/2}\dfrac{\sigma}{\sqrt{n}}$$

在置信水平一定的情况下，样本量越多，置信区间越窄；在样本量相同的情况下，显著性水平 α 增大，σ 不变，$Z_{\alpha/2}$ 值变小，置信区间的值变小，因此本题选 B。

典例 2 【参考答案】B

【解析】已知 $n=100$，$\sigma^2=25$，$\bar{X}=70$。样本容量大于 30，且总体方差已知，故依据 Z 分布进行计算，且 $\mu_{\bar{X}}=\mu$，$\sigma_{\bar{X}}=\dfrac{\sigma}{\sqrt{n}}=\dfrac{5}{\sqrt{100}}=0.5$。已知 $\alpha=0.01$，$Z_{\alpha/2}=Z_{0.01/2}=2.58$，则 $-2.58 \leqslant Z = \dfrac{\bar{X}-\mu_{\bar{X}}}{\sigma_{\bar{X}}}=\dfrac{70-\mu}{0.5} \leqslant 2.58$，解不等式，得 $68.71 \leqslant \mu \leqslant 71.28$。故区间 [68.71，71.29] 有 95% 的可能性包含总体平均数，有 5% 的可能性没有包含总体平均数。

第八章 假 设 检 验

典例 1 【解析】（1）条件分析。由题目可知，总体分布为正态（能力测验），总体方差未知，样本容量小于 30，且为双尾检验，应选择 t 检验。

（2）检验过程与方法。

①建立假设：$H_0:\mu=1.5$；$H_1:\mu \neq 1.5$。

②计算检验值。

均值：$\bar{X}=\dfrac{1.4+1.8+1.1+1.9+2.2+1.2}{6}=1.60$

样本标准差：$s = \sqrt{\dfrac{SS}{n-1}} = \sqrt{\dfrac{16.30 - 9.6^2/6}{6-1}} = 0.43$

均值的标准误：$SE_{\bar{X}} = \dfrac{s}{\sqrt{n}} = \dfrac{0.43}{\sqrt{6}} = 0.18$

$$t = \dfrac{\bar{X} - \mu_0}{SE_{\bar{X}}} = \dfrac{1.6 - 1.5}{0.18} = 0.56$$

③比较与决策。

当自由度 $df=6-1=5$ 时，$t_{(5)0.05/2} = 2.57$。因为 $t = 0.56 < t_{(5)0.05/2} = 2.57$，$P > 0.05$，即 $t = 0.56$ 处于 $-2.57 \sim 2.57$ 之间，所以接受虚无假设，拒绝备择假设，差异不显著，说明我们没有 95% 的把握认为这些数值能证明"空间知觉能力测试的平均数一般不为 1.5"的论断。

典例2 （1）【参考答案】C

【解析】在对两个样本的数据进行差异检验时，首先要了解两个样本所述的总体的方差是否齐性。如果各个实验组内总体方差为齐性（$P > 0.05$），而且经过 F 检验所得多个样本所属总体平均数差异显著，这时才可以将多个样本所属总体平均数的差异归因于各种实验处理的不同；如果各个方差不齐（$P < 0.05$），那么经过 F 检验所得多个样本所属总体平均数差异显著的结果，可能有一部分归因于各个实验组内总体方差的不同。因此，本题选 C。

（2）【参考答案】A

【解析】本题是比较两个相互独立的连续变量，且两个总体呈正态分布，被构造的估计量服从 t 分布而非卡方分布。因此最适当的检验方法是 t 检验。

（3）【参考答案】C

【解析】两组平均数的差异检验的自由度为 $df = n_1 + n_2 - 2 = 11 + 10 - 2 = 19$，因此本题选 C。

第九章　方　差　分　析

典例1 【参考答案】将原数据整理成表 A-5。

表 A-5　原数据（五）

$k=4$	A		B		C		D		P
	X	X^2	X	X^2	X	X^2	X	X^2	
$n=8$	8	64	7	49	8	64	6	36	29
	10	100	12	144	9	81	11	121	42
	9	81	9	81	8	64	10	100	36
	7	49	8	64	6	36	6	36	27
	12	144	10	100	10	100	8	64	40
	10	100	9	81	12	144	8	64	39
	7	49	7	49	6	36	8	64	28
	9	81	10	100	11	121	11	121	41
T	72		72		70		68		282
$\sum X^2$	668		668		646		606		2 588
SS	20		20		33.5		28		101.5

虚无假设：H_0：$\mu_1=\mu_2=\mu_3$。

备择假设：H_1：μ_1，μ_2，μ_3 中至少有一个与其他值不相等。

已知 $N=32$，$n=8$，$k=4$，则

$$SS_t = \sum\sum X^2 - \frac{(\sum\sum X)^2}{N} = 2\,588 - \frac{282^2}{32} = 102.875$$

$$SS_b = \sum\frac{(\sum X)^2}{n} - \frac{(\sum\sum X)^2}{N} = \frac{72^2+72^2+70^2+68^2}{8} - \frac{282^2}{32} = 1.375$$

$$SS_w = \sum SS = 101.5$$

$$SS_R = \sum\frac{(\sum R)^2}{k} - \frac{(\sum\sum R)^2}{N} = \frac{29^2+42^2+36^2+27^2+40^2+39^2+28^2+41^2}{4} - \frac{282^2}{32} = 68.875$$

$$SS_E = SS_w - SS_R = 101.5 - 68.875 = 32.625$$

$$df_b = k-1 = 3，df_E = (n-1)(k-1) = 21$$

$$MS_b = SS_b / df_b = 1.372 / 3 = 0.458$$

$$MS_E = SS_E / df_E = 32.625 / 21 = 1.554$$

$$F = MS_b / MS_E = 0.458 / 1.554 = 0.29 < F_{0.05(3,21)} = 3.07$$

因为 $p > 0.05$，接受 H_0，故我们有 95% 的把握认为不同睡眠剥夺对被试基本智力活动不存在显著差异。方差分析如表 A-6 所示。

表 A-6　方差分析

变异来源	平方和	自由度	均方	F 值	p 值
组间	1.375	3	0.458	0.29	> 0.05
组内	101.5	28			
区组	68.875	7			
误差	32.625	21	1.554		
总变异	102.875	31			

典例 2　【参考答案】C

【解析】三因素完全随机设计方差分析共有 8 个变异源，分别是 3 个变量的主效应所引起的变异、3 个两变量交互作用所引起的变异、1 个三变量交互作用所引起的变异和 1 个误差变异。三因素完全随机设计总平方和分解为 $SS_t = SS_A + SS_B + SS_C + SS_{A\times B} + SS_{A\times C} + SS_{C\times B} + SS_{A\times B\times C} + SS_w$，因此，本题选 C。

典例 3　【参考答案】D

【解析】在 2×2 的研究设计中，两因素交互作用的自由度为 $df=$（A 因素水平数 -1）×（B 因素水平数 -1）=（2-1）×（2-1）=1。因此，本题选 D。

典例 4　【参考答案】A

【解析】效果量是衡量处理效应大小的指标，与显著性检验不同，这些指标不受样本容量的影响，表示不同处理下的总体均值之间差异的大小，可以在不同研究之间进行比较。本题中，H_1 不为真的程度是统计检验是否显著的结果，与效果量无关，因此本题选 A。

第十章 χ^2 检 验

典例1 【解析】"某城市的居民患抑郁症、焦虑症、强迫症的比例非常接近"即无差假说,"该城市居民三种神经症患者的比例是否发生了明显变化"即检验无差假说。

【参考答案】 $H_0: f_o = f_e$;$H_1: f_o \neq f_e$。

已知 $n = 85 + 124 + 91 = 300$,$f_{o1} = 85$,$f_{o2} = 124$,$f_{o3} = 91$,则 $f_e = \dfrac{300}{3} = 100$。

已知 $df = 2$ 时,$\chi^2_{0.05(2)} = 5.59$,则

$$\chi^2 = \sum \frac{(f_o - f_e)^2}{f_e} = \frac{(85-100)^2}{100} + \frac{(124-100)^2}{100} + \frac{(91-100)^2}{100} = 8.82 > \chi^2_{0.05(2)}$$

因为 $p < 0.05$,故拒绝 H_0,接受 H_1,那么我们有 95% 的把握认为该城市居民三种神经症患者的比例发生了明显变化。

典例2 【参考答案】 D

【解析】 计算列联表的自由度时,用每一行的分类项数减 1 的差与每一列的分类项数减 1 的差相乘,即 $df = (R-1)(C-1)$,因此本题选 D。

典例3 【参考答案】 H_0:比赛前后与态度两因素相互独立;H_1:比赛前后与态度两因素有关联。

已知 $n=80$;$A=30$,$B=10$,$C=15$,$D=25$。取 $\alpha=0.05$,$df=(R-1)(C-1)=1$,$\chi^2_{0.05(1)} = 3.84$,则

$$\chi^2 = \frac{N(AD-BC)^2}{(A+B)(A+C)(B+D)(C+D)} = \frac{80(30 \times 25 - 10 \times 15)^2}{(30+10)(30+15)(10+25)(15+25)} = 11.43 > \chi^2_{0.05(1)} = 3.84$$

因为 $p < 0.05$,故拒绝 H_0,即比赛前后与态度两因素有关联,于是我们有 95% 的把握认为比赛前后观众的态度有显著差异。

典例4 【参考答案】 H_0:观看比赛前后观众的态度无显著差异;H_1:观看比赛前后观众的态度有显著差异。

已知 $n=40$;$A=30$,$B=10$,$C=15$,$D=25$。取 $\alpha=0.05$,$df=(R-1)(C-1)=1$,$\chi^2_{0.05(1)} = 3.84$,则

$$\chi^2 = \frac{(15-10)^2}{(15+10)} = 1 < \chi^2_{0.05(1)} = 3.84$$

因为 $p > 0.05$,故接受 H_0,我们没有 95% 的把握认为比赛前后观众的态度有显著差异。

考生注意对比典例3和典例4的区别,典例3是比较两个相互独立的样本(被试支持和不支持是一个因素的两个水平、观看比赛前和观看比赛后是另一个因素的两个水平),典例4是比较两个相关的样本(观看比赛前支持和不支持、观看比赛后支持和不支持,是同一个因素两个水平)。

此外,要注意 A 和 D 表示的是前后属于不同的类别,这样才能看到它的转换的变化。例如,A 表示观看比赛前是支持的,观看比赛后是不支持的,因此是 15;D 表示观看比赛前是不支持的,观看比赛后是支持的,因此是 10。

第十一章 非参数检验

典例1【参考答案】（1）列出两类假设：

H_0：实验组与控制组得分无显著差异；

H_1：实验组与控制组得分有显著差异。

（2）整理数据，求出每个数据的秩次，其中，控制组样本容量为 $n_1=5$，实验组样本容量为 $n_2=6$，如表 A-8 所示。

表 A-7

等 级	1	2	3	4	5	6	7	8	9	10	11
控制组	42			56	62		72	76			
实验组		46	50			68			78	84	92

（3）求容量较小的样本的秩和 T：$T = 4+5+1+7+8 = 25$。

（4）查表得临界值，并与 T 比较：当 $n_1=5$，$n_2=6$ 时，$T_1=19$，$T_2=41$（表中值为单侧检验，故这里查 0.025 时的临界值），因为 $T_1 < T < T_2$，所以接受 H_0，即我们有 95% 的把握认为两组成绩得分无显著差异。

典例2【参考答案】 AC

【解析】 对两个独立样本进行差异检验的非参数检验方法是秩和检验法与中数检验法。符号检验法是对两个相关样本进行差异检验的方法，等级方差分析是对多个样本进行差异检验的方法。

典例3【参考答案】（1）列出两类假设：

H_0：两次得分无显著差异（即 n_+ 和 n_- 的值无差异）；

H_1：两次得分有显著差异。

（2）计算两次得分差值，如表 A-8 所示。

表 A-8

期中（X）	85	88	87	86	82	82	70	72	80
期末（Y）	90	84	87	85	90	94	85	88	92
($X_i - Y_i$)	-5	4	0	1	-8	-12	-15	-16	-12

由表 A-9 可知，$n_+ = 2$，$n_- = 6$，$N = 8$，$r = \min\{n_+, n_-\} = 2$。

（3）取 $\alpha = 0.05$，由 $N = 8$ 查单侧表得 $r_{0.05/2(8)} = 0$，$r = 2 > r_{0.05/2(8)} = 0$，故接受 H_0，即我们有 95% 的把握认为两次得分不存在显著差异。

第十二章 线性回归

典例1【参考答案】 B

【解析】 相关系数与估计标准误二者之间是反比关系，用公式表示为：$S_{YX} = S_Y \cdot \sqrt{1-r^2}$。当 r 越大时，S_{YX} 越小，这说明相关密切程度较高；当 r 越小时，S_{YX} 越大，这说明相关密切程度较低。本题中，在回归方程中，其他条件不变，X 与 Y 的相关系数趋近于零，说明 X 对 Y 的预测力会降低，估计 Y 误差增大，也就是在每一个点上，($Y-$) 的值增加，因此估计的标准误会提高，因此本题选 B。

典例2 【参考答案】 已知 $\bar{X}=20$，$\sigma_X=2.55$，$\bar{Y}=42.7$，$\sigma_Y=8.2$，$r=-0.35$，$n=150$，则

$$b=r\cdot\frac{s_Y}{s_X}=-0.35\times\frac{8.2}{2.55}=-1.1255，\quad a=\bar{Y}-b\bar{X}=42.7-(-1.1255)\times20=65.21$$

故 $\hat{Y}=-1.1255X+65.21$。

当 $X=22.6$ 时，

$$\hat{Y}=-1.1255\times22.6+65.21=39.77$$

故题中 22.6 kg 的男童屈臂悬体为 39.77 s。

第十三章　多元统计分析

典例1 【参考答案】 D

【解析】 主成分个数提取原则为主成分对应的特征值不小于 1 的前 m 个主成分，特征值在某种程度上可以被看作表示主成分影响力大小的指标。如果特征值小于 1，说明该主成分的解释力还不如直接引入一个原变量的平均解释力大，因此一般将特征值不小于 1 作为纳入标准，因此本题选 D。

附录 B　重点公式总结表

表 B-1　集中量数总结表

指标	符号	定义	公式	
平均数	$\bar{X}$、M	所有观测值总和除以总个数所得的商	定义式	$\bar{X} = \dfrac{\sum X_i}{N}$
			分组数据	$\bar{X} = \dfrac{\sum f X_c}{N}$
中数	M_d	位于按一定顺序排列的一组数据中间位置数		$M_d = L_b + \dfrac{i}{f}\left(\dfrac{N}{2} - F_b\right)$
				$M_d = L_a - \dfrac{i}{f}\left(\dfrac{N}{2} - F_a\right)$
众数	M_o	在一群数据中次数出现最多的那个数	皮尔逊	$M_o = 3M_d - 2M$
			金氏	$M_o = L_b + \dfrac{f_a}{f_a + f_b} \cdot i$

表 B-2　差异量数与相对量数总结表

类型	指标	符号	定义	公式
差异量数	全距	R	最大值与最小值的差	$R = X_{\max} - X_{\min}$
	平均差	A.D.	离差绝对值的平均值	$\text{A.D.} = \dfrac{\sum |X_i - \bar{X}|}{n} = \dfrac{\sum |x_i|}{n}$
	方差	σ^2	一列数据离差平方的算术平均数，表示一列数据平均差距的平方	$\sigma^2 = \dfrac{\sum(X - \bar{X})^2}{N}$
				$\sigma^2 = \dfrac{\sum X^2}{N} - \left(\dfrac{\sum X}{N}\right)^2$
	标准差	σ	方差的算术平方根，表示一列数据的平均差距	$\sigma = \sqrt{\dfrac{\sum(X - \bar{X})^2}{N}}$
				$\sigma = \sqrt{\dfrac{\sum X^2}{N} - \left(\dfrac{\sum X}{N}\right)^2}$
	差异系数	CV	标准差对平均数的百分比	$CV = \dfrac{s}{\bar{X}} \times 100\%$
相对量数	百分位数	P_P	小于这个点的数据占全部数据的百分比	$P_P = L_b + \dfrac{i}{f}\left(\dfrac{P}{100} \cdot N - F_b\right)$
	百分等级	P_R	某个分数在整个数据分布中所处的百分位置	未分组数据：$P_R = 100 - \dfrac{100R - 50}{N}$
				分组数据：$P_R = \dfrac{100}{N}\left[F_b + \dfrac{f(x - L_b)}{i}\right]$
	标准分数	Z	以标准差为单位所表示的原始分数与平均数的偏差	$Z = \dfrac{X - \bar{X}}{s}$ 或 $Z = \dfrac{X - \mu}{\sigma}$

表 B-3　相关系数总结

相关系数类型	变量类型	计算公式	
积差相关	连续变量，正态分布，$n \geq 30$ 线性关系	定义式	$r = \dfrac{SP}{\sqrt{SS_X \cdot SS_Y}} = \dfrac{\sum(X-\bar{X})(Y-\bar{Y})}{N \cdot S_X \cdot S_Y}$
		计算式	$r = \dfrac{\sum XY - \dfrac{\sum X \sum Y}{N}}{\sqrt{\sum X^2 - \dfrac{(\sum X)^2}{N}} \cdot \sqrt{\sum Y^2 - \dfrac{(\sum Y)^2}{N}}}$
等级相关	等级变量，分布不定，n 可小于 30	斯皮尔曼等级相关	等级差数法：$r_R = 1 - \dfrac{6\sum D^2}{N(N^2-1)}$
		肯德尔等级相关	无相同等级：$W = \dfrac{S}{\dfrac{K^2}{12}(N^3-N)}$，其中 $S = \sum R_i^2 - \dfrac{(\sum R_i)^2}{N}$
点二列相关	一列正态连续、一列二分称名		$r_{pb} = \dfrac{\bar{X}_p - \bar{X}_q}{s_t}\sqrt{pq}$
二列相关	一列正态连续、一列人为二分		$r_b = \dfrac{\bar{X}_p - \bar{X}_q}{s_t} \cdot \dfrac{pq}{y} = \dfrac{\bar{X}_p - \bar{X}_t}{s_t} \cdot \dfrac{p}{y}$
Φ 相关	两列二分称名变量		$r_\Phi = \dfrac{ad - bc}{\sqrt{(a+b)(a+c)(b+d)(c+d)}}$

表 B-4　参数估计总结表

估计内容	条件	标准误	置信区间
总体平均数	总体方差已知，且总体正态分布或总体非正态，但 $n > 30$	$\sigma_{\bar{X}} = SE_{\bar{X}} = \dfrac{\sigma}{\sqrt{n}}$	$\bar{X} - Z_{\alpha/2} \cdot SE_{\bar{X}} < \mu < \bar{X} + Z_{\alpha/2} \cdot SE_{\bar{X}}$
	总体方差未知，且总体正态分布或总体非正态，但 $n > 30$	$\sigma_{\bar{X}} = SE_{\bar{X}} = \dfrac{s}{\sqrt{n}}$	$\bar{X} - t_{\alpha/2} \cdot SE_{\bar{X}} < \mu < \bar{X} + t_{\alpha/2} \cdot SE_{\bar{X}}$
总体标准差		$\sigma_s = \dfrac{\sigma}{\sqrt{2n}}$ σ 未知，$\sigma_s = \dfrac{s}{\sqrt{2n}}$	$s - Z_{\alpha/2} \cdot \sigma_s < \sigma < s + Z_{\alpha/2} \cdot \sigma_s$
方差			$\dfrac{(n-1)s^2}{\chi^2_{\alpha/2}} < \sigma^2 < \dfrac{(n-1)s^2}{\chi^2_{(1-\alpha/2)}}$
两总体方差之比			$\dfrac{1}{F_{\alpha/2}} \cdot \dfrac{s_1^2}{s_2^2} < \dfrac{\sigma_1^2}{\sigma_2^2} < \dfrac{1}{F_{1-\frac{\alpha}{2}}} \cdot \dfrac{s_1^2}{s_2^2}$

表 B-5 显著性检验总结表

		使用条件	样本	标准误	检验值
平均数	单总体	总体正态，总体 σ^2 已知		$\sigma_{\bar{X}} = SE_{\bar{X}} = \dfrac{\sigma}{\sqrt{n}}$	$Z = \dfrac{\bar{X} - \mu_0}{SE_{\bar{X}}}$
		总体正态，总体 σ^2 未知		$\sigma_{\bar{X}} = SE_{\bar{X}} = \dfrac{s}{\sqrt{n}}$	$t = \dfrac{\bar{X} - \mu_0}{SE_{\bar{X}}}$
		总体非正态，样本容量 $n > 30$，当 σ 已知时		$\sigma_{\bar{X}} = SE_{\bar{X}} = \dfrac{\sigma}{\sqrt{n}}$	$Z' = \dfrac{\bar{X} - \mu_0}{SE_{\bar{X}}}$
		总体非正态，样本容量 $n > 30$，当 σ 未知时		$\sigma_{\bar{X}} = SE_{\bar{X}} = \dfrac{s}{\sqrt{n}}$	$Z' = \dfrac{\bar{X} - \mu_0}{SE_{\bar{X}}}$
	双总体	总体正态，总体 σ^2 已知	相关	$SE_{D\bar{X}} = \sqrt{\dfrac{\sigma_1^2}{n} + \dfrac{\sigma_2^2}{n} - 2r \cdot \dfrac{\sigma_1}{\sqrt{n}} \cdot \dfrac{\sigma_2}{\sqrt{n}}}$	$Z = \dfrac{\bar{X}_1 - \bar{X}_2}{SE_{D\bar{X}}}$
			独立	$SE_{D\bar{X}} = \sqrt{\dfrac{\sigma_1^2}{n_1} + \dfrac{\sigma_2^2}{n_2}}$	
		总体正态，总体 σ^2 未知但齐性	相关	r 未知，$SE_{D\bar{X}} = \sqrt{\dfrac{s_d^2}{n}} = \sqrt{\dfrac{\sum d^2 - \dfrac{(\sum d)^2}{n}}{n(n-1)}}$ r 已知，$SE_{D\bar{X}} = \sqrt{\dfrac{s_1^2 + s_2^2 - 2rs_1 s_2}{n}}$	$t = \dfrac{\bar{X}_1 - \bar{X}_2}{SE_{D\bar{X}}}$
			独立	$SE_{D\bar{X}} = \sqrt{\dfrac{(n_1-1)s_1^2 + (n_2-1)s_2^2}{n_1 + n_2 - 2} \cdot \left(\dfrac{1}{n_1} + \dfrac{1}{n_2}\right)}$	
方差	单总体				$\chi^2 = \dfrac{(n-1)s^2}{\sigma^2}$
	双总体		独立		$F = \dfrac{s_{\max}^2}{s_{\min}^2}$
			相关		$t = \dfrac{s_1^2 - s_2^2}{\sqrt{\dfrac{4s_1^2 s_2^2 (1 - r^2)}{n - 2}}}$

表 B-6 方差分析总结表

		变异源和自由度分解
单因素	被试间设计	$SS_T = SS_B + SS_W$ $SS_T = \sum\sum X^2 - \dfrac{(\sum\sum X)^2}{N}$，$df_T = N - 1 = nk - 1$ $SS_B = \sum \dfrac{(\sum X)^2}{n} - \dfrac{(\sum\sum X)^2}{N}$，$df_B = k - 1$ $SS_W = SS_T - SS_B$，$df_W = k(n-1) = N - k$
	被试内设计	$SS_T = SS_B + SS_R + SS_E$ SS_T，SS_B 计算方法同上； $SS_R = \sum \dfrac{(\sum R)^2}{k} - \dfrac{(\sum\sum R)^2}{N}$，$df_R = n - 1$ $SS_E = SS_T - SS_B - SS_R$，$df_E = df_T - df_B - df_R = (n-1)(k-1)$

（续表）

		变异源和自由度分解
两因素	被试间设计	$SS_T = (SS_a + SS_b + SS_{a\times b}) + SS_W$ $df_a = a-1;\ df_a = b-1;\ df_{a\times b} = (a-1)(b-1)$
	被试内设计	$SS_T = SS_B + (SS_a + SS_{a\times 被试} + SS_b + SS_{b\times 被试} + SS_{a\times b} + SS_{a\times b\times 被试})$
	混合设计	$SS_T = (SS_a + SS_{a\times 被试}) + (SS_b + SS_{a\times b} + SS_{b\times 被试})$

表 B-7　卡方检验总结表

配合度检验	基本公式	$\chi^2 = \sum \dfrac{(f_o - f_e)^2}{f_e}$
	χ^2 值连续性校正	$\chi^2 = \sum \dfrac{(|f_o - f_e| - 0.5)^2}{f_e}$
独立性检验	期望次数	$f_e = \dfrac{f_{xi} \cdot f_{yi}}{N},\ df = (R-1)(C-1)$
	基本公式	$\chi^2 = N\left(\sum \dfrac{f_{oi}^2}{f_{xi} \cdot f_{yi}} - 1\right)$
	独立样本四格表	$\chi^2 = \dfrac{N(AD - BC)^2}{(A+B)(A+C)(B+D)(C+D)}$ $df = (R-1)(C-1) = 1$
	相关样本四格表	$\chi^2 = \dfrac{(A-D)^2}{(A+D)}$ $df = (R-1)(C-1) = 1$

表 B-8　非参数检验

独立样本	秩和检验法	$\mu_T = \dfrac{n_1(n_1 + n_2 + 1)}{2}$ $\sigma_T = \sqrt{\dfrac{n_1 n_2 (n_1 + n_2 + 1)}{12}}$ 当两样本容量均大于 10 时，$Z = \dfrac{T - \mu_T}{\sigma_T}$
	中数检验法	混合排列，计算中数，结果列成四格表，进行卡方检验
配对样本	符号检验法	$n > 25,\ Z = \dfrac{r - \mu}{\sigma}$ $\mu = np = \dfrac{N}{2}$ $\sigma = \sqrt{Npq} = \dfrac{\sqrt{n}}{2}$

（续表）

配对样本	符号等级检验法	$n>25$, $Z=\dfrac{T-\mu_T}{\sigma_T}$ $\mu_T=\dfrac{N(N+1)}{4}$ $\sigma_T=\sqrt{\dfrac{N(N+1)(2N+1)}{24}}$
等级方差分析	克-瓦氏单向方差分析	$H=\dfrac{12}{N(N+1)}\sum_{1}^{K}\dfrac{R_i^2}{n_i}-3(N+1)$
	弗里德曼两因素等级方差分析	$\chi_r^2=\dfrac{12}{nK(K+1)}\sum R_i^2-3n(K+1)$

表 B-9　一元回归（$\hat{Y}=a+bX$）

建立方程	回归系数	定义式：$b=\dfrac{\sum(X-\bar{X})(Y-\bar{Y})}{\sum(X-\bar{X})^2}$
		相关式：$b_{Y\cdot X}=r\cdot\dfrac{s_Y}{s_X}$
	截距	$a=\bar{Y}-b\bar{X}$
检验方程	方差分析	$SS_T=\sum(Y-\bar{Y})^2=\sum Y^2-\dfrac{(\sum Y)^2}{N}$，$df_T=N-1$ $SS_R=\sum(\hat{Y}-\bar{Y})^2=b^2\left(\sum X^2-\dfrac{(\sum X)^2}{N}\right)$，$df_E=N-2$ $SS_E=SS_T-SS_R$，$df_R=1$
	回归系数的显著性检验	$t=\dfrac{b-\beta}{SE_b}$ $SE_b=\sqrt{\dfrac{s_{YX}^2}{\sum(X-\bar{X})^2}}$，$df=N-2$ $s_{YX}^2=\dfrac{SS_E}{N-2}=MS_E$
	决定系数	$r^2=\dfrac{SS_R}{SS_T}=\dfrac{\sum(\hat{Y}-\bar{Y})^2}{\sum(Y-\bar{Y})^2}$